ELEMENTE EINER AKUSTISCHEN THEORIE DER VOKALARTIKULATION

VON

GEROLD UNGEHEUER

DR. PHIL., DIPL.-ING.
PROFESSOR AN DER CAUCA-UNIVERSITÄT, POPAYÁN
KOLUMBIEN

MIT 67 ABBILDUNGEN

SPRINGER-VERLAG
BERLIN · GÖTTINGEN · HEIDELBERG
1962

ISBN-13:978-3-540-02915-1 e-ISBN-13:978-3-642-92848-2
DOI: 10.1007/978-3-642-92848-2

MEINEM VEREHRTEN LEHRER

PROFESSOR DR. WERNER MEYER-EPPLER

Vorwort

Die Vokalartikulation ist ein zentrales Problem der akustischen Phonetik. An Literatur, die auch strengen akustischen und mathematischen Gesichtspunkten standhält, sind vor allem zwei Bücher zu erwähnen, nämlich „The vowel, its nature and structure“ (1941) von CHIBA und KAJIYAMA und „Acoustic theory of speech production“ (1958 bzw. 1961) von FANT. Von diesen beiden muß das Fantsche Buch als ein Standardwerk für die Akustik der Sprachschallerzeugung angesehen werden. Es taucht nun die berechtigte Frage auf, welchen Sinn und Nutzen unter diesen Voraussetzungen eine weitere Veröffentlichung zur akustischen Theorie der Vokalartikulation, wie sie hier vorgelegt wird, haben kann. Hierauf ist folgendes zu antworten.

Die Entwicklung der akustischen Artikulationstheorie ist trotz des großen Fortschrittes, den das Fantsche Werk gebracht hat, noch nicht abgeschlossen. Es gibt zur Behandlung des Problems verschiedenartige Ansatzpunkte und Methoden, die geeignet sind, sich in ihren Ergebnissen zu ergänzen. In der Tat ist der Ausgangspunkt und die leitende Methode des Fantschen Werkes von dem hier gewählten Verfahren recht verschieden. Während FANT die wesentlichen Betrachtungen an äquivalenten elektrischen Schaltungen durchführt – ein Vorgehen das durchaus üblich und theoretisch schon lange begründet ist –, wird in den folgenden Darstellungen der akustische Bereich der Artikulationsvorgänge nie verlassen; bei FANT werden die akustischen Prozesse der Vokalartikulation dadurch einer mathematischen Beschreibung zugänglich gemacht, daß die komplizierten Formen des resonierenden Ansatzrohres zwischen Kehlkopf und Mundlippen durch aneinandergereihte Rohrstücke einfacher Gestalt approximiert werden, wohingegen hier versucht wird, das Ansatzrohr in seiner ganzen gegebenen Gestalt und Ausdehnung – wenn auch mit Vereinfachungen, die jedoch anderer Art sind als bei FANT – in die Betrachtung von Anfang an miteinzubeziehen. Dementsprechend liegt der Kern der folgenden Ausführungen in der akustischen Interpretation einer Differentialgleichung, der sog. Websterschen Horngleichung, während bei FANT der in der Theorie der elektrischen Vierpole ausgebildete Kalkül zum Zuge kommt.

Diese Unterschiede kennzeichnen den Charakter der vorliegenden Untersuchung. Im übrigen wurden im Text Wiederholungen von an anderer Stelle schon Veröffentlichtem möglichst vermieden. Zwar treten hierdurch die Besonderheiten der Analyse um so deutlicher hervor, andererseits wird jedoch der Inhalt zweifellos in einigen Punkten ergänzungsbedürftig. Beispielsweise fehlen Untersuchungen zur energetischen Dissipation und eine detaillierte Behandlung der Randbedingungen. Ebenso blieben die Probleme der Nasalisation unberücksichtigt. Dies alles konnte jedoch in Kauf genommen werden, da die vorgelegten Betrachtungen als Analyse der Websterschen Horngleichung eine in sich geschlossene Einheit bilden und *das phonetisch und linguistisch interessante Problem der Vokalartikulation, nämlich der Zusammenhang zwischen den geometrischen Konfigurationen des Ansatzrohres und den Formantfrequenzen ausführlich und ausreichend, phonetisch und akustisch befriedigend erklärt wird.* Ergänzende Ergebnisse können, soweit sie nicht schon bekannt sind, auf Grund des vorgezeichneten Weges in weiteren Untersuchungen, leichter als es zuvor möglich gewesen wäre, abgeleitet und in die Theorie eingefügt werden.

Besonders aber muß darauf hingewiesen werden, daß der historische Teil zusammen mit dem einleitenden Kapitel des systematischen Teils eine Einführung in die akustische Phonetik darstellen. Die vorliegenden Arbeit kann daher nicht nur von einem begrenzten Kreis interessierter Wissenschaftler, sondern ebenso von Studierenden gelesen werden. Auch richtet sie sich nicht nur an Phonetiker, Linguisten und Physiker, sondern ebensosehr an Ingenieure, Physiologen und Mediziner, Logopäden und Taubstummenlehrer, Psychologen und Musikwissenschaftler.

Dem Rheinisch-westfälischen Institut für instrumentelle Mathematik an der Universität Bonn danke ich für die Hilfe bei der Berechnung der Eigenwerte und Eigenfunktionen der Websterschen Horngleichung.

Popayán, Januar 1962 Gerold Ungeheuer

Inhaltsverzeichnis

A. Historischer Teil

I. Die Entwicklung der akustischen Vokaltheorien

1. Von Kempelen

1791 veröffentlichte Wolfgang v. Kempelen, K. K. wirkl. Hofrath in Wien, sein in zwanzigjähriger Arbeit entstandenes Werk „Mechanismus der menschlichen Sprache nebst der Beschreibung seiner sprechenden Maschine". Neben phonetischen Studien enthält das Buch eine detaillierte Beschreibung seines in jener Zeit weithin bekannten Sprechapparates[1].

Kempelen wird allgemein ein hervorragender Platz in der Geschichte der Phonetik zugewiesen:

„Zurückzugreifen ist an dieser Stelle noch einmal auf die Anfänge der Experimentalphonetik selbst, als deren Begründer mit Fug und Recht Wolfgang v. Kempelen zu bezeichnen ist." (E. u. K. Zwirner S. 41)

„Die einzigen Versuche, welche auf Wissenschaftlichkeit Anspruch machen, sind die von Kratzenstein und Kempelen." (Willis)

„Neben den eitelen, aber wegen der dabei entwickelten Kunst bewunderten und berühmt gewordenen mechanischen Spielereien des vorigen Jahrhunderts, erfand schon im Jahr 1778 der K. K. wirkl. Hofrath W. v. Kempelen zu Wien seine für die Wissenschaft wichtigere Sprachmaschine." (Du Bois-Reymond S. 129)

Brücke (S. 7) urteilt über Kempelens Buch, daß uns in ihm eine physiologische Lautlehre hinterlassen sei,

„an der freilich später mancherlei ergänzt und bisweilen auch gebessert worden sei, die aber so fest begründet war, daß sie den sichersten Unterbau für alle ferneren Forschungen gegeben hat, und geben wird".

Seit Kempelen ist die wesentliche Funktion des Ansatzrohres (Hohlraum zwischen den Stimmlippen im Kehlkopf und den Mundlippen) für die Vokalartikulation anerkannt. In einer geschichtlichen Betrachtung stellt Kainz fest (III, S. 271/72):

„In der Einschätzung der Bedeutung, die man dem Beitrag jeder einzelnen der beiden Komponenten" – gemeint sind Kehlkopf und Ansatzrohr – „zuzumessen geneigt ist, kann man einen gewissen Wandel feststellen. Nach früherer Auffassung vollzieht sich das Wesentliche im Kehlkopf; demgegenüber wird die Leistung der

[1] In einer neueren Arbeit behandeln Dudley und Tarnoczy den Kempelenschen Sprechapparat.

Höhlen des Ansatzrohres, die darin besteht, daß sie aus dem von den Stimmlippen gelieferten teiltonreichen Klang durch verschieden abgestimmte Resonatorenwirkung einen bestimmten Klang verstärken, als sekundär angesehen."

Nebensächliche Funktionen des Ansatzrohres waren bereits ARISTOTELES bekannt (siehe PANCOCELLI-CALZIA 1942 b). WALLIS, ein Vorgänger KEMPELENs formuliert:

„Vocum articulatio tunc incipit postquam spiritus extra laryngem pervenit, et naribus, ore, lingua, labiis fere tota perficitur."

REYHER soll als einer der ersten die Resonanzen des Ansatzrohres an geflüsterter Sprache untersucht haben[1].

Die Entdeckung des Physiologen DODART, daß die Trachea (Luftröhre), ähnlich der Windlade in der Orgel, für das Zustandekommen der Stimme nur die Aufgabe hat, Luft von der Lunge zum Kehlkopf zu leiten – seit GALEN war man der Meinung, daß sie unmittelbar an der Stimmbildung beteiligt ist –, hatte den Kempelenschen Untersuchungen den Weg geebnet. Ohne mathematisch und physikalisch vorgebildet zu sein, entwickelte KEMPELEN auf dieser Basis nach Experiment und genauer Beobachtung seine berühmte Sprechmaschine, an welcher sich die Artikulationsvorgänge als rein *akustische Prozesse* offenbarten. Die wichtigsten Teile des Apparates sind auf Abb. 1 dargestellt.

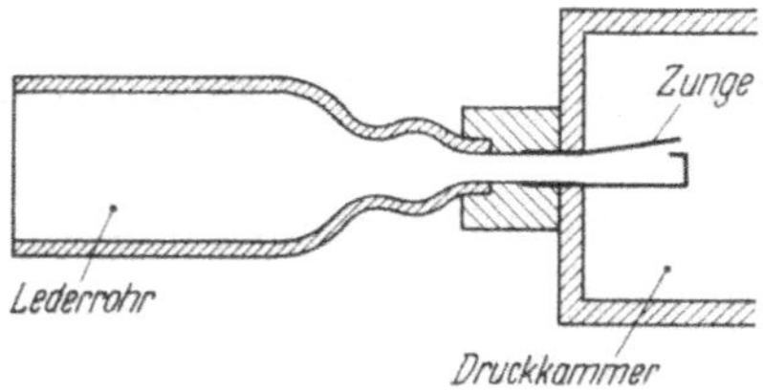

Abb. 1. Artikulationsmechanismus des Kempelenschen Sprechapparats

Die einer Druckkammer entströmende Luft brachte eine Metallzunge, wie sie bei Orgelpfeifen verwendet wird, zum Schwingen. Der erzeugte, obertonreiche Klang mit einem den physikalischen Dimensionen der

[1] Unseres Wissens taucht diese Angabe zum erstenmal bei HELMHOLTZ auf. Man liest auf S. 170 der „Tonempfindungen" die Fußnote:

„Ältere unvollständige Wahrnehmungen über denselben Gegenstand bei Samuel REYHER ‚Mathesis Mosaica', Kiel 1619."

VIETOR (1923, S. 31/32) schreibt diesbezüglich:

„Die *Resonanzen (Eigentöne) des Mundraumes* für die einzelnen Vokale sind vielfach zunächst meistens auf Grund der geflüsterten Vokale bestimmt worden, zuerst wohl von REYHER ‚Mathesis Mosaica' 1679 (sic), neuerdings mit Hilfe zum Teil höchst komplizierter Apparate und Berechnungen (besonders der Fourierschen Analyse usw.), deren Kontrolle dem bloß philologisch oder linguistisch Gebildeten nicht möglich ist."

Wir selbst konnten in der „Mathesis mosaica" keine Stelle finden, die dieses Unternehmen schildert. Da das Werk in der Art jener Zeit (1679!) mathematisch-physikalische Probleme des Alten Testaments behandelt, ist die Aussicht gering, noch an versteckter Stelle eine Bemerkung in dieser Hinsicht anzutreffen. Bei PANCONCELLI-CALZIA „Geschichtszahlen der Phonetik" ist REYHER nicht verzeichnet. In neuerer Zeit wird er von CHIBA und KAJIYAMA (S. 46) erwähnt.

Zunge entsprechenden Grundton wurde in ein Lederrohr abgestrahlt, dessen Gestalt man mit der Hand in verschiedener Weise verformen konnte. Bei kurzzeitiger Darbietung waren – nach den Versicherungen KEMPELENs – sämtliche Vokale deutlich zu hören. Diese gelungene Vokalsynthese lenkte die Aufmerksamkeit einiger Wissenschaftler des 19. Jahrhunderts auf die akustische Funktion des Ansatzrohres und ließ physiologische Betrachtungen über die Tätigkeit des Zäpfchens, des weichen Gaumens, der falschen Stimmlippen usw. in den Hintergrund treten. Der Weg war frei zu einer tieferen phonetisch-akustischen Einsicht in das Phänomen der Vokalartikulation.

2. KRATZENSTEIN

Im Jahre 1780 stiftete die kaiserliche Akademie von St. Petersburg einen Preis für die Erforschung der unterschiedlichen Formen des Ansatzrohres bei der Artikulation der Vokale a, e, i, o, u und den Bau von Apparaten zu ihrer Nachbildung. Preisgekrönt wurde die Arbeit des Physiologen Christian Gottlieb KRATZENSTEIN[1].

Die Modelle, die KRATZENSTEIN zur synthetischen Erzeugung der Vokale verwendete, sind für unsere Untersuchung von Interesse (Abb. 2); als schallgebendes Organ war wieder eine schwingende Metallzunge angesetzt.

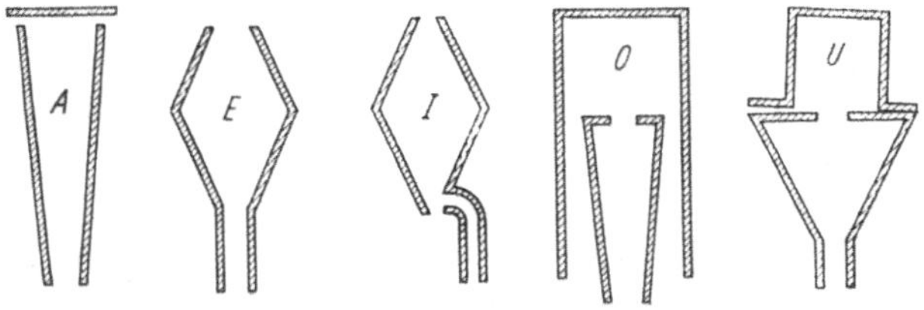

Abb. 2. KRATZENSTEINs Modelle zur synthetischen Vokalerzeugung

Bei KRATZENSTEIN zeigt sich dieselbe Übergangstendenz wie bei KEMPELEN: die physiologische Beschreibung der Stellungen und Bewegungen des Ansatzrohres, der Zunge und der Lippen wird ersetzt durch eine akustische Erklärung der Artikulation.

[1] Ihr ausführlicher Titel lautet:

„Tentamen resolvendi problema ab academia scientiarum Petropolitana ad annum 1780 publice propositum: 1. Qualis sit natura at character sonorum litterarum vocalium a, e, i, o, u tam insigniter inter se diversorum. 2. Annon construi queant instrumenta ordini tuborum organicorum, sub termino vocis humanae noto similia, quae litterarum vocalium a, e, i, o, u sonos exprimunt. Petropoli, 1781."

3. Willis und Wheatstone

In dem Aufsatz „On vowel sound, and on reed-organ pipes" (1830; dt. Übers. 1832) entwickelt Willis die erste *akustische Theorie der Vokalartikulation*. Im Gegensatz zu Kempelen und Kratzenstein ist er sich der Neuartigkeit und wissenschaftlichen Strenge seiner Gedanken bewußt, wenn er schreibt:

„Die Schriftsteller, welche von den Vocaltönen handelten, haben die Entstehung derselben immer nur in Bezug auf die Sprechwerkzeuge betrachtet. Indem sie, wie es scheint, die Gestalt derselben für wesentlich zur Hervorbringung dieser Töne hielten, begnügten sie sich, die relative Lage der Zunge, des Gaumens und der Zähne für jeden Vocallaut bis auf's Kleinste zu beschreiben, oder den entsprechenden Abstand der Lippen voneinander, von der Zunge und dem Zäpfchen genau zu messen: und sie betrachteten demnach die Erzeugung der Vocallaute mehr unter *physiologischen* als *akustischen* Gesichtspunkten."

Die physikalische Behandlungsweise, bei Kempelen und Kratzenstein noch in einem vorläufigen Stadium, wird als notwendig erkannt und gefordert:

„Beiden Schriftstellern ist es indess nicht gelungen, allgemeine Prinzipien aufzufinden.

Kempelen, wie alle übrigen, die sich mit diesem Gegenstand beschäftigten, irrte darin, daß er, wie es scheint stillschweigend annahm, die Entstehung dieser Töne könne alleinig in der Gestalt und Wirkungsweise der Sprechwerkzeuge ihre Erklärung finden, wogegen ich aber, wie paradox es auch erscheinen mag, behaupten muß, daß man hierdurch niemals zu einer richtigen Kenntnis des Gegenstandes gelangt . . .

Diese Betrachtungen veranlaßten mich, bei Aufnahme dieser Untersuchungen einen ganz anderen Weg einzuschlagen, nämlich die Sprachwerkzeuge gänzlich zu vernachlässigen, und durch Versuche mit den gewöhnlichen akustischen Instrumenten wo möglich zu bestimmen, welche Gestalten von Hohlkörpern, und welche anderen Bedingungen zur Hervorbringung dieser Töne wesentlich seien."

Nachdem Willis die Kempelenschen Versuche erfolgreich wiederholt hatte, untersuchte er die Abhängigkeit vokalartiger Orgelpfeifenklänge (bei kreiszylindrischem Rohr) von der Zungenfrequenz, vom Durchmesser und von der Länge des Ansatzrohres. Es ergab sich, daß die Qualität des Klanges nur mit der Länge des Rohres variierte. Damit hatte er zu den Vokalen als psychische Wahrnehmungsqualitäten das physikalische Korrelat gefunden: die akustischen Eigenschaften des Ansatzrohres. Verschiedene Längen entsprachen im akustischen Bereich verschiedenen Höhen der Resonanztöne des Rohres (Russel (1928) nennt daher die Willisschen Ergebnisse „cavity tone theory")[1] und verschiedenen Vokalqualitäten in der Perzeption. Zu seinen Beobachtungen schreibt Willis:

„Experiment shows us that the series of effects produced are characterized and distinguished from each other by that quality we call the vowel, and it shows us

---

[1] Die akustische Begründung hierfür findet man auf S. 73 ff.

more, it shows us not only that the pitch of the sound produced is always that of the reed or the primary impulses, but that the vowel produced is always identical for the same value of S (the length of the pipe).“

Nach Willis werden die imitierten Vokale dadurch hervorgebracht, daß die Luftstöße der Zunge die Eigenschwingungen des Rohres anregen und auf diese Weise den von Oszillogrammen bekannten quasiperiodischen Schalldruckverlauf erzeugen. Aus dieser Vorstellung konnte Willis die Unabhängigkeit des Stimmtones von der Vokalqualität, d. h. die Tatsache, daß die Vokalqualität bei Änderung der Stimmtonhöhe erhalten bleibt, leicht ableiten.

„Ist nun, wie ich die Möglichkeit gezeigt, ein Vocallaut nichts anderes als die rasche Wiederholung eines kurzen musikalischen Tones, so folgt, daß wir noch Vocallaute hören müssen, wie auch diese rasche Wiederholung bewirkt wird.“

Wheatstone, der große englische Physiker, rezensierte 1838 in „The London and Westminster Review“ die Arbeiten von Kempelen, Kratzenstein und Willis, wobei er des letzteren Theorie weiterführte und vertiefte. (Helmholtz und Russell verweisen mit Nachdruck auf die Bedeutung dieser Rezension.)

Der wissenschaftliche Rangunterschied zwischen den beiden älteren Forschern und Willis wird von Wheatstone deutlich herausgestellt:

„Though Kratzenstein has undoubted merit of having been the first who imitated any of the articulations of speech by mechanical means, yet we cannot give him the credit of having thrown any philosophic light on the subject. . . .

Mr. Willis finally concludes, from his experiments, that the vowel quality, added to any sound, is merely the co-existence of its peculiar note with that sound; this accompanying note being excited by the successive reflections of the original wave of the reed at the extremities of the added tube. This view of matter naturally associates the phenomena of vowel sounds with those of multiple resonance, a subject first investigated by Professor Wheatstone.“

Unter der Bezeichnung „multiple resonance“ weist Wheatstone zum erstenmal auf den Sachverhalt hin, daß der „cavity-tone“ des Ansatzrohres durch einen Partialton des periodischen Phonationsschalls erregt werden kann. Auf dieser Erkenntnis baute dann Helmholtz seine Vokaltheorie auf. Willis erklärte das Zustandekommen der Vokalschwingungen durch eine Überlagerung der an der Mundöffnung und im Kehlkopf mehrfach reflektierten Glottisimpulse (Wheatstone formuliert: „. . . this accompanying note being excited by the successive reflections of the original wave of the reed at the extremities of the added tube.“). Wheatstone dagegen zerlegt die Impulsfolge in ihre harmonischen Teiltöne und zeigt, daß einer der Teiltöne durch die von ihm angeregte Eigenschwingung des Ansatzrohres verstärkt wird. Im Zusammenhang mit den Willisschen Experimenten schreibt er:

„We do not mean to assert that each multiple resonance is a distinct vowel sound. But we infer, that when a tube is added to a reed or vibrating tongue, whatever may be its length, a quality is added to the original sound, which depends on the feeble vibrations of the air in the added tube: these increase in number in portion to the shortness of the tube; and when the number of vibrations thus excited is any multiple of the original vibrations of the reed, the energy of the resonance is so greatly augmented as to produce the effect of a superadded musical sound.“

4. Helmholtz

Die wesentlichen Elemente der Vokaltheorie von Helmholtz, wie er sie in der „Lehre von den Tonempfindungen“ darlegte, gründen auf der Willis-Wheatstoneschen Resonanztheorie und auf dem Satz von Fourier, der besagt, daß jeder periodische Schallvorgang in eine Summe harmonischer Sinus- und Kosinusschwingungen zerlegt werden kann.

Der Grundzug der Helmholtzschen Gedanken läßt sich folgendermaßen umreißen. Die im Kehlkopf entstehende Folge von Luftimpulsen – seinen Vorgängern folgend vergleicht er die Schallerzeugung der Stimmlippen mit derjenigen des Zungenaggregats einer Orgelpfeife – wird in ihre sinoidalen Teilschwingungen zerlegt gedacht. Das Ansatzrohr wirkt als *akustisches Filter*, indem es die Teiltöne, welche gleicher Frequenz mit den Eigenresonanzen sind oder in deren Nähe liegen, verstärkt und die übrigen dämpft. Dadurch entstehen an den Stellen der Eigenschwingungen die *Formantgebiete*.

Der Zusammenhang der Eigentöne mit den Gestalten des Ansatzrohres wird nach der Theorie der Resonatoren ausführlich behandelt, und seit Helmholtz ist es üblich, den beiden Hauptformanten je einen Teilraum des Artikulationsorgans als Ursprungsort zuzuordnen. Bei Helmholtz selbst liest man über die Vokale ä, e, i:

„Wenn man eine mit einem engen Hals versehene Flasche als Resonanzraum anwendet, findet man leicht zwei Töne, von denen der eine angesehen werden kann als Eigenton des Bauches, der andere als ein solcher des Halses der Flasche.“ (S. 168)

Dagegen findet Helmholtz bei den Vokalen a, o, u nur *einen* Formanten:

„Die Tonhöhe solcher flaschenförmiger Räume ist desto tiefer, je weiter der Hohlraum und je enger seine Mündung ist. Gewöhnlich läßt sich nur ein Eigenton mit starker Resonanz deutlich erkennen: wenn andere eigene Töne existieren, so sind sie verhältnismäßig sehr hoch und haben nur schwache Resonanz.“ (S. 166)

Die theoretische Erklärung der doppelten Resonanz geht aus von der Feststellung:

„Noch besser und deutlicher als mit zylindrischen Röhren“ – wie bei Willis – „erhält man die Vokale, wenn man abgestimmte kugelförmige Hohlräume anwendet.“ (S. 177)

In der ausgebildeten Theorie wird das Ansatzrohr als ein System zweier gekoppelter Resonatoren („Helmoltzresonatoren“) aufgefaßt.

Resonatoren waren für Helmholtz eine Art Universalinstrumente. Er verwendete sie nicht nur zur Bestimmung der Resonanztöne des Ansatzrohres, sondern auch zur Vokalsynthese, dem experimentum crucis seiner Theorie, welche er im Sinne der Fourierzerlegung aufbaute, indem er aus sinoidalen Stimmgabelschwingungen, durch einen Elektromagneten erregt und durch Resonatoren verstärkt, die Vokalklänge zusammensetzte.

5. HERMANN und SCRIPTURE

Neben den Anhängern von HELMHOLTZ bildete sich eine Gruppe von Phonetikern, welche besonders die Willisschen Gedanken weiter ausbauten und experimentell fundierten. Vor allen entwickelte HERMANN, und später SCRIPTURE, mit diesem Ausgangspunkt eine den Helmholtzschen Ideen scheinbar gegensätzliche Artikulationstheorie. Seitdem wogt der Streit für oder gegen HERMANN oder HELMHOLTZ, obgleich bereits Lord RAYLEIGH (II, S. 472/73) beide Beschreibungsweisen als gleichberechtigt erklärte:

„Although the *natural* vibrations of the oral cavity may be inharmonic, the *forced* vibrations can include only harmonic partials of the larynx note ...
From these considerations it will be seen that both ways of regarding the subject are legitimate and not inconsistent with one another."

Nach HERMANN wird bei jedem Impuls des den Stimmlippen entweichenden Luftstromes die Luft der Mundhöhle in eine Reihe schnell abklingender Eigenschwingungen versetzt, für deren Frequenzen die Dimensionen des Hohlraumes maßgebend sind. SCRIPTURE gab dieser These den Namen „puff-theory".

Bestehen also im Sinne von HELMHOLTZ die Vokale aus *harmonischen* Teilschwingungen, von denen eine oder zwei Gruppen als Formanten besonders stark hervortreten, so sagt die Hermannsche Theorie, daß die in jeder Grundperiode von neuem angestoßenen, gedämpften Schwingungen in der Regel zum Grundton *anharmonisch* liegen.

Beide Parteien hatten einleuchtende Argumente zu ihren Gunsten vorzubringen. Die Basis der Helmholtzschen Hypothese war die Annahme, daß der Wahrnehmungsmechanismus des Ohres als ein System von Resonatoren funktioniere, durch welches ein das Ohr treffender Schallvorgang in seine spektralen Bestandteile zerlegt werde, so wie HELMHOLTZ selbst mit Hilfe von Resonatoren die Vokalklänge untersuchte. Das weitere Problem, wie ein zum Grundton der Erregungsschwingung anharmonisch liegender Resonanzton der Mundhöhle angeregt werden könne, war durch ihn mit dem Hinweis auf die Dämpfung des Ansatzrohres physikalisch befriedigend gelöst worden: da die Mundhöhle mit ihren weichen Wandungen Energie absorbiert, besitzen die Resonanzgebiete eine gewisse Breite, so daß die Resonanzwirkung auch noch bei größeren Unterschieden zwischen der Höhe des Mundhöhlentons und des zu verstärkenden Teiltons möglich ist.

Im Gegensatz dazu konnte HERMANN mit seinem *Phonographen*, einem der Edisonwalze ähnlichen Gerät, die durch einen Luftimpuls erzeugten Schwingungen gut erkennbar registrieren. Wie schon SCRIPTURE erwähnt, wird je eine von ihnen dargestellt durch die Funktion (Abb. 3):

$$y = a\, e^{-\delta t} \sin 2\pi \frac{t}{T} \qquad \text{(I, 1)}$$

(t: Zeit; T: Periodendauer der Sinusschwingung; a, δ: spezifische Konstanten.)

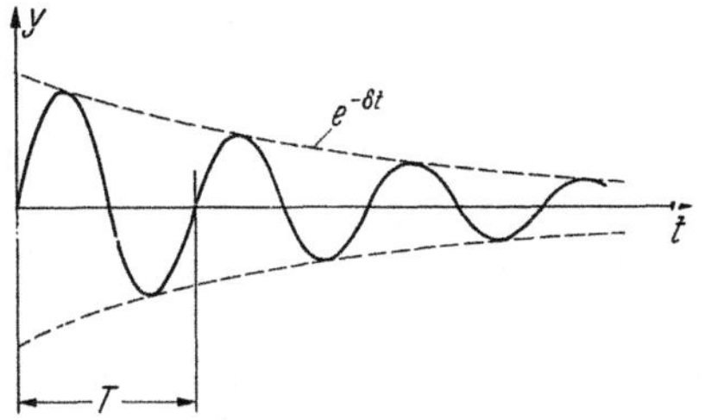

Abb. 3. Exponentiell abklingende Sinusschwingung

Diese Form der Beschreibung eines Vokals ist bei Berücksichtigung mehrerer Formanten heute noch gültig[1].

Die Hermannsche Theorie wurde gestützt durch die „Perkussionsexperimente" von AUERBACH, der feststellte, daß das Ohr Vokalfarben wahrnimmt, wenn das Ansatzrohr in eine bestimmte Artikulationsstellung gebracht und dann etwa durch Anschlagen der Backen angestoßen wird.

Tatsächlich aber unterscheiden sich HELMHOLTZ *und* HERMANN *nur in ihrer Analysierungsmethode.* Spaltet man die Kurven des Phonographen nach FOURIER in ihre Partialschwingungen auf, dann erhält man die Helmholtzschen Teiltöne. Charakteristisch drückt sich die unterschiedliche Methode in den benutzten Instrumenten aus: bei HELMHOLTZ Resonatoren, bei HERMANN ein Gerät in der Art eines Oszillographen[2].

6. STUMPF, RUSSEL und PAGET

Diese drei Gelehrten stehen am Ende der klassischen Epoche der Phonetik. Sie stimmen in dem Ziele überein, die Helmholtzschen Gedanken theoretisch und experimentell zu festigen und zu verfeinern.

STUMPF („Die Sprachlaute; experimentell-phonetische Untersuchungen") untersuchte die spektrale Struktur der Vokalklänge, indem er sie mit Hilfe eines umfangreichen akustischen Interferenzapparates (die erforderlichen akustischen Leitungen und Röhrensysteme nahmen fünf Zimmer in Anspruch!) in ihre Teilschwingungen zerlegte. Mit der

---

[1] Beispielsweise stellt FANT in einer Diskussionsbemerkung zu dem Vortrag von MARCOU und DAGUET einen zweiformantigen Vokal dar durch die Funktion

$$s(t) = A_1 e^{-\delta_1 t} \cos w_1 t + A_2 e^{-\delta_2 t} \cos w_2 t.$$

[2] Siehe hierzu die Bemerkungen von KNESER.

gleichen Vorrichtung führte er, die obertonfreien Grundschwingungen von 28 Lippenpfeifen als Partialtöne gebrauchend, gut gelungene Vokalsynthesen durch. Die Resultate der Analyse bestätigten die Helmholtzsche Theorie, und die Lagen der Formanten konnten ermittelt werden, wobei sich die durchgehende Zweiformantigkeit der Vokale herausstellte. Die Ergebnisse faßt STUMPF in dem Satze zusammen:

„Wie gegenüber HERMANN bleibt auch gegenüber seinen Nachfolgern die Ohm-Helmholtzsche Betrachtung aufrecht, die alle Klänge als Komplexe gleichzeitiger, übereinandergelagerter Sinusschwingungen auffaßt, welche vom Ohr wieder in ihre Komponenten zerlegt werden." (S. 225)

STUMPF hatte nicht erkannt, daß er mit seiner Interferenzapparatur notwendigerweise zu diesem Resultat kommen mußte. Sein Ergebnis war mit seinem Instrumentarium im voraus festgelegt.

RUSSELs besonderes Verdienst liegt in der nahezu vollkommenen Anwendung der Röntgenphotographie auf die Artikulationsorgane (1928, 1929)[1]. Er konnte mit ihrer Hilfe viele physiologische Annahmen des vergangenen Jahrhunderts als unrichtig nachweisen. Einige der Photographien werden wir als Ausgangspunkt unserer Untersuchung heranziehen.

Bei PAGET („Human speech") sind die ausführliche Behandlung der Flüstersprache, die Theorie der „vocal gestures" und die Imitationen des Ansatzrohres aus Holz, Gummi und knetbarem Kunststoff hervorzuheben. Einige der Modelle zur Vokalsynthese – als Phonationsorgan diente eine schwingende Zunge – sind auf Abb. 4 dargestellt.

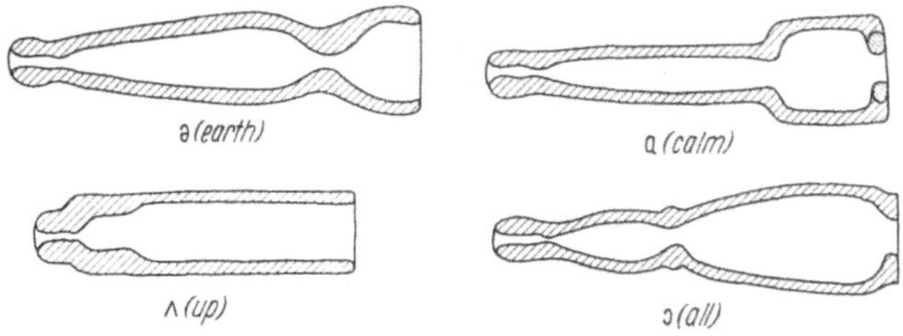

Abb. 4. PAGETs Modelle zur synthetischen Vokalerzeugung

Die mathematische Theorie der Vokalartikulation als System zweier gekoppelter Resonatoren behandelt BENTON im Anhang des Buches von PAGET. Zugrunde liegt dabei nicht die wirkliche Gestalt des Ansatzrohres,

[1] Bereits 1910, also vor RUSSELL, hatte MEYER auf Röntgenbilder gestützte Argumente gegen die physiologische Vokalklassifikation von VIETOR ins Feld geführt.

sondern der akustische Befund, daß jeder Vokal durch zwei Formanten charakterisiert ist[1].

Die moderne Entwicklung der Phonetik unterscheidet sich vor allem durch zwei Merkmale von den älteren Untersuchungen. Einmal schuf die aufkommende Phonologie ein neues Verhältnis der Phonetik zur Sprachwissenschaft, zum anderen verfügt heute der Phonetiker über ein weit leistungsfähigeres Instrumentarium als in früheren Zeiten, insbesondere geben ihm die elektronischen Meß- und Registriergeräte die Möglichkeit zu sehr detaillierten und exakten Analysen.

1934 war bereits der erste Erfolg dieser Apparate zu verzeichnen. Thienhaus stellte mit einem von Grützmacher entwickelten elektrischen Frequenzmeßgerät fest, daß sämtliche Vokale *mehr als zwei Formanten* besitzen[2]. *Damit wurde eine neue Artikulationstheorie notwendig, da die „Nebenformanten", wie* Thienhaus *die neu entdeckten Resonanzgebiete nannte, aus einem System zweier Resonatoren nicht mehr abzuleiten sind.*

7. Dudley

Homer Dudley, ein amerikanischer Nachrichtenphysiker, veröffentlichte 1940 einen Aufsatz „The carrier nature of speech". In ihm werden alte Gedanken in einer für den gegenwärtigen Stand phonetischer Forschung charakteristischen Weise formuliert:

„Communication by speech consists in a sending by one mind and the receiving by another of a succession of phonetic symbols with some emotional content added. Such material of itself changes gradually at syllabic rates and so is inaudible. Accordingly, an audible sound stream is interposed between the talker's brain and the listener. On this sound stream there is molded an imprint of the message. The listener receives the molded sound stream and unravels the imprinted message."

Der Grundzug dieser Gedanken ist nicht neu; aber:

„In the past this carrier nature has been obscured by the complexity of speech."

Träger der Nachricht zwischen Sprecher und Hörer ist der von den Stimmlippen hervorgebrachte Schall, dem durch eine Art Modulation die zu übertragende Nachricht aufgeprägt wird. Drei Modulationsarten unterscheidet Dudley:

„The three voice modulators associated with the three speech messages are the mechanisms of a) selecting the carrier, b) setting the fundamental frequency and c) controlling the selective transmission."

---

[1] „Indeed Sir R. Paget has pointed out to us that, since our own data on the spectra of the vowel sounds show almost invariably two principle resonance peaks, there must be a double resonator to produce them, thus harmonizing our results, at least for the male voices, with his own." (Crandall)

[2] Zwei Jahre zuvor hatten zwei japanische Wissenschaftler, Obata und Teshima, den dritten Formanten entdeckt.

Dabei ist zu verstehen unter:

a) Einsatz und Abbrechen der Stimme, Lautstärke;

b) Sprechmelodie;

c) Veränderungen des Ansatzrohres, Zu- und Abschalten des Nasenraumes.

Die Vorstellungen von DUDLEY sind sowohl linguistischen wie informationstheoretischen Überlegungen benachbart.

Linguistisch interessant ist die im physikalischen Bereich vorgenommene Abgrenzung der sprachlich relevanten gegen die übrigen Prozesse der Artikulation. Bedeutsam sind nur die cerebral gesteuerten Modulationsvorgänge. Die durch sie hervorgebrachten Schallverläufe können aus dem gesamten Sprachschallkomplex als die physikalischen Substrate der semantischen und expressiven Inhalte herausgelöst werden. Bei einer elektrischen Übertragung der Vokale, welche nur die begriffliche Sphäre berücksichtigt, genügt es beispielsweise, allein die Vokalformanten in ein elektrisches Signal umzusetzen, da die übrigen Komponenten des Sprachschalles keine diesbezügliche Information tragen und daher beim Empfänger beliebig durch eine synthetische Apparatur zugefügt werden können.

8. Die Vokalsynthese von BOUMAN und KUCHARSKI

Schon mehrfach wurde betont, daß ein Vokal durch seine Formantfrequenzen charakterisiert sei. BOUMAN und KUCHARSKI verifizierten diesen Sachverhalt durch eine Vokalsynthese mit nur zwei, von einem elektrischen Generator erzeugten, Sinustönen, die jeweils den betreffenden Formantfrequenzen entsprachen. Das Experiment bestätigte die Formantmessungen von PAGET. Darüber hinaus ist die Tatsache selbst, daß sich an einem aus zwei Sinustönen zusammengesetzten Schallkomplex Vokalqualitäten feststellen lassen, von Bedeutung.

9. Das Sprechgerät von WAGNER

Die frühesten Versuche zum Bau eines elektrischen Sprechgeräts sind wohl 1922 von STEWART unternommen worden. Seine Anordnung wurde von FLETCHER und später von TRAUTWEIN weitergebildet. Vollkommener als diese ersten Apparate war das elektrische Sprechgerät von WAGNER, dessen Schaltschema in Abb. 5 aufgezeichnet ist[1].

---

[1] Nähere technische Einzelheiten dieser und anderer elektrischer Vokalsynthesen bei MEYER-EPPLER (1949).

Es entsprechen einander:

Gleichstromquelle	und	Lunge,
Impulsoszillator	und	Kehlkopf,
Formantfilter und Grundtonkreis	und	Hohlräume des Ansatzrohres und der Nase,
Lautsprecher	und	Mundöffnung.

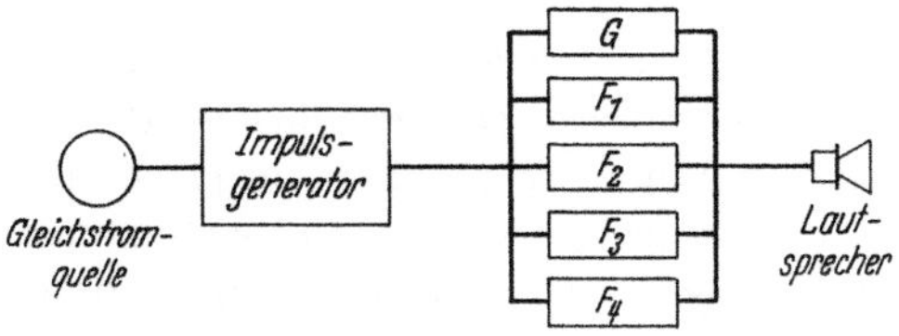

Abb. 5. Blockschema des Wagnerschen Sprechapparats

Ein auf ähnlichen Prinzipien basierendes Gerät zur Vokalerzeugung wurde 1955 von Weibel (1955b) gebaut, der offensichtlich den Wagnerschen Sprechapparat nicht kannte. Auf die mathematischen Zusätze von Weibel muß an anderer Stelle eingegangen werden. Interessant und auf neuere Entwicklungen vorausschauend ist bei Wagner folgende Textstelle:

„In der dargestellten Anordnung wird jeder Formantkreis unabhängig von allen übrigen unmittelbar vom Primäroszillator erregt. Man kann hiergegen einwenden, daß dies der wirklichen Anordnung der Tonräume im menschlichen Sprechapparat nicht entspricht. In der Tat erhalten Mundhöhle und Nasenhöhle ihre Erregung nicht unmittelbar vom Kehlkopf, sondern erst mittelbar durch den Rachenraum; bei der Teilung der Mundhöhle in zwei Tonräume wird der vordere von dem hinteren erregt. Eine entsprechende elektrische Schaltung der Formantkreise ist grundsätzlich ohne weiteres möglich und würde ohne Zweifel einen Schwingungsvorgang liefern, der dem tatsächlichen Vorgang noch näher kommt als unsere Anordnung. – Um eine derartige Schaltung aufzubauen, müßte man aber wissen, wie die verschiedenen Tonräume des Sprechorgans miteinander gekoppelt sind. Art und Stärke der Kopplung wechseln von Laut zu Laut: näheres ist hierüber nicht bekannt."

10. Die Segmentierung des Ansatzrohres

Die von Wagner angedeutete Möglichkeit eines elektrischen Sprechapparates als direkte Nachbildung des Ansatzrohres wurde 1950 von

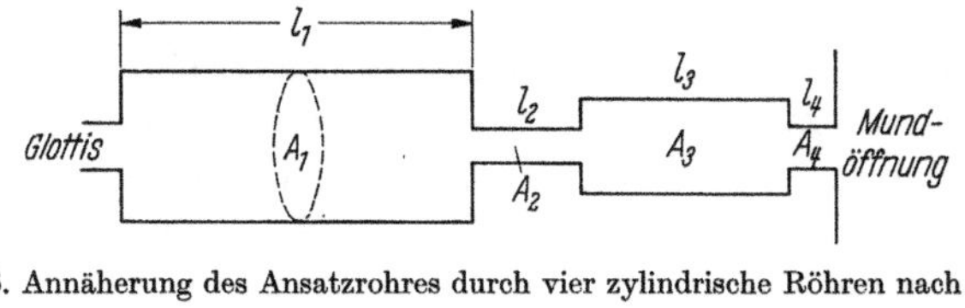

Abb. 6. Annäherung des Ansatzrohres durch vier zylindrische Röhren nach Dunn

Dunn näherungsweise verwirklicht. Er teilt das Ansatzrohr in vier hintereinandergesetzte kreiszylindrische Rohrstücke verschiedenen Querschnitts und verschiedener Länge (Abb. 6). Für jedes der Rohrelemente kann eine elektrische Ersatzschaltung gemäß Abb. 7 gefunden werden. Schaltet man die vier den Rohrstücken entsprechenden, elektrischen

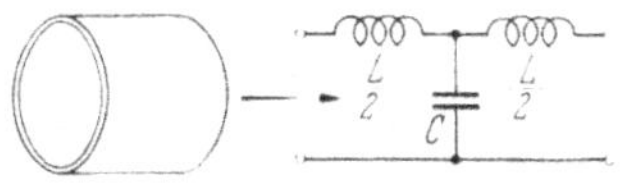

Abb. 7. Elektrische Ersatzschaltung für ein Rohrelement

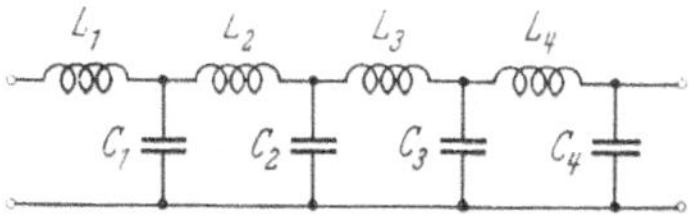

Abb. 8. Elektrische Ersatzschaltung des Dunnschen Rohraggregats (Abb. 6)

Vierpole hintereinander, dann erhält man schließlich die Kettenschaltung der Abb. 8.

Dieser „electrical vocal tract" ist der bis jetzt beste Apparat zur stationären Vokalsynthese. STEVENS et al. verfeinerten das Modell von DUNN, indem sie das Ansatzrohr nicht in vier, sondern in 32 zylindrische Rohrstücke von 0,5 cm Länge unterteilten.

11. CHIBA und KAJIYAMA

Das Werk der beiden japanischen Autoren „The vowel; its nature and structure" ist in Europa wenig bekannt. Nichtsdestoweniger enthält dieses Buch eine der umfangreichsten und modernsten (es erschien 1941) Studien zur Vokalartikulation. Von allen neueren Mitteln der experimentellen Phonetik wird darin Gebrauch gemacht.

Die Theorie der Vokalartikulation beruht bei CHIBA und KAJIYAMA allerdings teilweise noch auf der alten Vorstellung, daß die Artikulationsorgane als ein System von Resonatoren anzusehen sind. Demgemäß wird die Theorie der Resonatoren ausführlich behandelt, wobei auch die elektrischen Analogien zu den akustischen Vorgängen berücksichtigt werden.

Einen großen Teil des Buches nimmt das Ausmessen der Artikulationshohlräume der japanischen Vokale [a], [o], [u], [i], [e][1] nach Röntgenbildern und Palatogrammen sowie das Berechnen der zugehörigen Resonanzfrequenzen ein. Anschließend – und unseres Wissens zum erstenmal in der Geschichte der Phonetik – wird die Webstersche *Horngleichung* benutzt, um die den Resonanzfrequenzen entsprechenden Druck- und Schnelleverläufe im Ansatzrohr zu berechnen. Da die Horngleichung eine Differentialgleichung ist, die nur sehr schwer gelöst werden kann – wir werden uns in den folgenden Kapiteln noch ausgiebig mit diesem Problem zu beschäftigen haben – wurde sie nach einer graphischen Methode integriert.

[1] Die Lautzeichen, die einer *phonetischen* Transkription entsprechen, stehen in eckigen Klammern; Lautzeichen einer *phonologischen* Transkription stehen dagegen zwischen zwei Schrägstrichen, z. B. /a/.

12. FANT

Die weitaus umfangreichste und bedeutendste Arbeit über die Artikulation der Sprachlaute ist das Buch von FANT „Acoustic Theory of Speech Production" (1958 bzw. 1960). Es zeigt den bisher höchsten Stand in der Theorie der Sprachlautartikulation. Grundlage des Werkes ist die Theorie der elektrischen Netzwerke; aus ihr werden die mathematischen Methoden übernommen; die akustischen Leitungen und Resonatoren werden durch bekannte Korrespondenzen in ihre elektrischen Äquivalente übergeführt.

Im zweiten Teil des Werkes werden die Vorgänge bei der Produktion der Laute eines Sprechers russischer Sprache in allen Feinheiten analysiert.

II. Die Entwicklung der Vokalsysteme[1]

1. HELLWAG

C. F. HELLWAG unternahm in seiner Dissertation „De formatione loquelae" (1781) den ersten ernstzunehmenden Versuch, die Vokale zu systematisieren. In den von VIETOR (1888) veröffentlichten Vorstudien zu seiner Dissertation schreibt er:

„Die vokalen machen zwo klassen aus, welche ich in zwo reihen nach stufen ordne, deren gegenseitige ähnlichkeit ganz artig aussieht.

Das erste beyden reihen gemeinschaftliche glied ist a, von diesem geht die eine durch ä, e und endigt sich in i; die andere aber durch a, o, und endigt sich in u.

Die glieder ähnlicher stellen aus beyden reihen stehen durch ähnliche mittelglieder miteinander in verbindung: wie e, ö, o; i, ü, u, welche eine mittelreihe formieren.

Zwischen diese reihen und stufen könnte man noch unendlichviele andere einschalten, welche völker von verschiedenen sprachen, und mundarten im sprechen gebrauchen: so ließen sich vielleicht alle vokalen und diphtongen welche je ein mensch ausgesprochen hat gleichsam mathematisch durch stufen bestimmt angeben.

Diese stufenordnung bestätigt sich nicht allein durch das gehör, sondern auch noch durch aufmerksame beobachtung der veränderungen des mundes.

---

[1] Wie im vorhergehenden Kapitel über die akustischen Vokaltheorien soll es auch in dieser geschichtlichen Übersicht nicht darauf ankommen, die historische Entwicklung schlechthin aufzuzeigen. Vielmehr soll nur das hervorgehoben werden, was auf unsere Untersuchung Bezug hat, indem es entweder die Ergebnisse stützt oder ihnen ausdrücklich widerspricht. Aus Gründen, die wir später erläutern, wird die Stellung des neutralen Vokals [ə] (Schwa) in dem jeweils betrachteten System besonders ins Auge gefaßt werden.

Der lautbuchstabe a erfolgt nur alsdenn, aber unausbleiblich, wenn die lippen von einander, und der hintere theil der zunge niedrig gehalten wird, indem die stimme herausgeht. Man spreche nacheinander aus: a, ä, e, i; hier erhebt sich nach und nach die wurzel der zunge, während dem durchgang der stimme: diese stellung ist hierzu unentberlich, und ihre wirkung zugleich unvermeidlich.

Ebenso notwendig sagt man nacheinander a, å, o, u, wenn man nach und nach die lippen zusammenbringt, und dadurch die stimme umbildet.

So entstehen die mittelvokalen, wenn lippen und zungenwurzel zugleich wirken ö, ü.

Folgendes schema solle die stufen, und klassen der vokale künstlich darstellen."

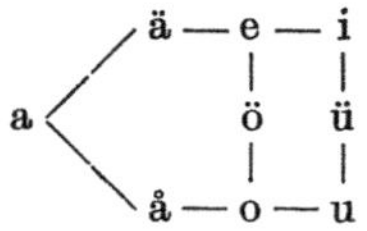

In der Dissertation selbst findet man das Vokaldreieck dagegen folgendermaßen aufgezeichnet:

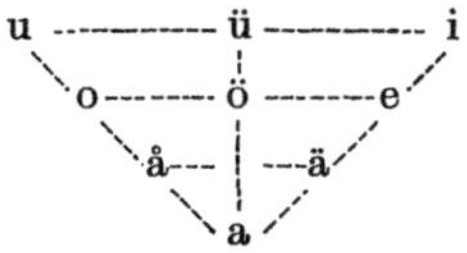

Hellwag hält den Vokal a für den einfachsten:

„Die aussprache des a sezt blos die öffnung des mundes, und übrigens lippen, zunge und rachen in der natürlichsten lage ohne alle muscelwirkung voraus."

Und in seiner Dissertation steht der lapidare Satz:

„Princeps vocalium, reliquarum basis, vel in scala positorum centrum est a."

Eine andere Form des Hellwagschen Vokaldreiecks gibt Chladni (S. 61) an:

2. Von Kempelen

Kempelen klassifiziert die Vokale nach folgenden Gesichtspunkten:

„Wir haben in unserer Sprache gewöhnlich fünf Hauptselbstlauter A E I O U. Diese haben wieder ihre Unterabtheilungen ä ö ü und d. gl. welche ungefähr das sind, was bei der Musik die Semitöne. (§ 104, S. 189) . . .

1) Die Stimmritze tönet bey dem einen wie bey dem anderen immer gleich, und zwar bey geschlossener Nase.

2) Die Stimme wird, so wie sie aus der Kehle kömmt, durch die Zunge gleichsam wie durch einen Kanal gerade den Lippen zugeleitet. Je mehr sich die Zunge bey dieser Verrichtung, besonders mit der hinteren Hälfte hebt oder niederlegt, je enger

oder weiter wird dieser Kanal: je enger oder weiter dieser ist, je verschiedener ist der Laut.

3) die weitere oder engere Öffnung des Mundes vollendet endlich den Laut ganz, und gibt ihm seine Reinigkeit." (§ 105)

Nach diesen Betrachtungen gibt Kempelen die allgemeine Definition der Vokale:

„Ein Selbstlauter ist also ein Laut der Stimme, der durch die Zunge den Lippen zugeführt, und durch die Öffnung herausgelassen wird. Der Unterschied zwischen dem einen und dem anderen Selbstlauter wird durch nichts anderes zuwege gebracht, als durch den weiteren oder engeren Durchgang, den entweder die Zunge, oder die Lippen, oder beide zusammen der Stimme gestalten.

Bey Selbstlautern haben weder die Nase, noch die Zähne den geringsten Antheil." (§ 106)

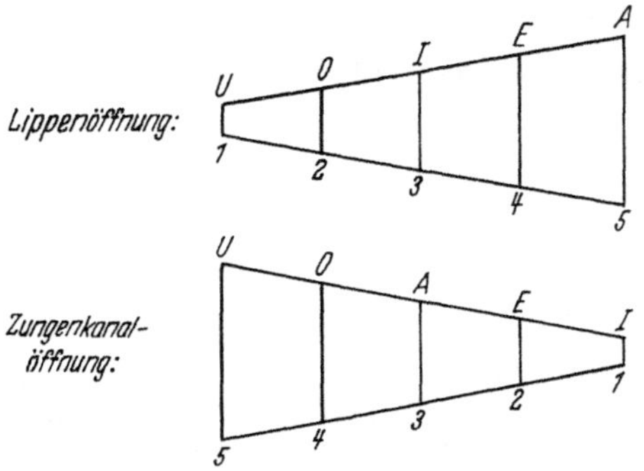

Abb. 9. Von Kempelens Vokalsystem

Die Öffnung der Lippen und des Zungenkanals teilt er in je fünf Grade ein, denen die Hauptvokale nach Abb. 9 zugehören.

Gemäß dieser Darstellung ist jeder Vokal durch zwei Zahlenangaben, die den Öffnungsgrad der Lippen und des Zungenkanals betreffen, festgelegt. Mit Hilfe dieser Methode beschreibt Kempelen ein Inventar von 12 Vokalen: die Hauptvokale A E I O U, die „Unterabtheilungen" ä ö ü und zusätzlich zwei Abweichungen des A sowie je eine des E und O.

In § 110 seines Buches bemerkt er:

„Noch muß ich bey den Selbstlautern eine kleine Bemerkung hinzusetzen, die etwan Stoff zu fernerem Nachdenken geben könnte. Mir scheint, wenn ich verschiedene Selbstlaute auch in dem nämlichen Ton ausspreche, so haben sie doch so etwas an sich, das mein Ohr täuscht, und mich glauben läßt, als läge eine Melodie darin, die doch, wie ich gar wohl weiß, durch nichts anderes als die Veränderung der Töne in höhere oder tiefere hervorgebracht werden kann."

Kempelen beschreibt hier den Höreindruck der Formantänderungen, von deren Existenz er allerdings nichts wußte.

Genau wie Hellwag hält er das A für den einfachsten Vokal:

„A, der erste Grundbuchstab in allen Sprachen.

Alle Kinder sprechen ihn am ersten aus, weil er der leichteste ist. Die Lage aller zur Sprache gehörigen Werkzeuge ist die natürlichste, ungezwungenste und bequemste, nämlich diese:

1. Die Stimmritzt tönet.
2. Die Nase ist geschlossen.
3. Die Zunge liegt und der Zungenkanal ist in dem dritten Grad offen.
4. Die Zähne haben daran keinen Antheil.
5. Die Lippen sind in dem fünften Grade offen." (§ 111)

3. Olivier und Rapp

Das Vokalsystem des „Ortho-epo-graphischen Elementarwerkes" von F. Olivier (1804) wird nur wegen der besonderen Stellung des Schwa aufgeführt (Abb. 10).

Der am Anfang und Ende stehende Laut e ist das neutrale [ə] oder der „natürliche Hülfslaut", wie Olivier ihn nennt.

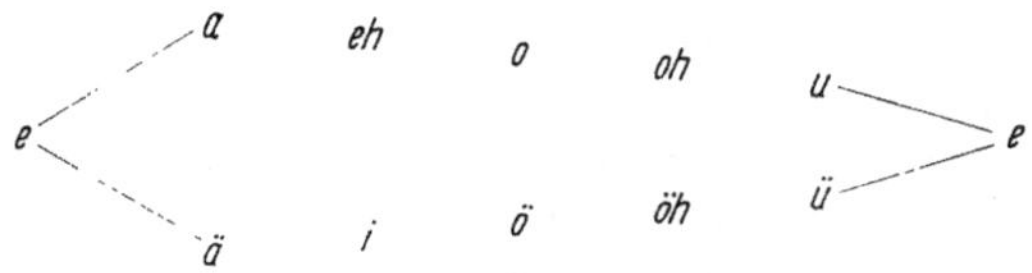

Abb. 10. Vokalsystem von Olivier

Weit überzeugender ist der Platz, den Rapp dem Schwa in seinem „Versuch einer Physiologie der Sprache nebst historischer Entwicklung der abendländischen Idiome nach physiologischen Grundsätzen" (1836) zugewiesen hat.

Er gehörte zu den wenigen, die das Vokaldreieck mit dem Farbdreieck verglichen haben. Auf S. 18, Bd. I seines Werkes heißt es:

„Eh' ich mein Schema und meine Theorie der Vokale entwerfe, muß ich auf die auffallende Analogie aufmerksam machen, die dieser Stoff mit der Theorie der Farbe hat, besonders mit der Farbenlehre, wie sie Goethe aufgestellt und ausgebildet hat[1]."

Nachdem er sich eingehend mit dem Farbdreieck (siehe folgende Aufstellung) beschäftigt hat, fährt er fort:

	rot	
orange	grau	violett
gelb	grün	blau

„Wenn ich nun in den folgenden §§ einen diesem Farbencyclus analogen Vocalkreis aufstellen werde, so kann ich ihn freilich durch kein mathematisch anschauliches Instrument beweisen. Er muß sich zunächst plausibel machen durch die durchgeführte Symmetrie seiner Erscheinung, die sich dem Verstande aufdrängt. Seine historische Bestätigung erfährt derselbe aber später, wenn wir die von uns verglichenen Sprachen im Einzelnen durchgehen, wo wir dann bemerken werden, daß alle Entwicklungen der Vocalisation in allen Mundarten darauf ausgehen, sich in der Richtung unseres Schemas zu entwickeln und zu bewegen."

Über den Sprachlaut, der dem „grau" des Farbdreiecks entspricht, führt Rapp folgendes aus:

„Wenn man das Grau die unentwickelte Indifferenz zwischen den Farben Gelb, Roth, Blau nennen kann, weil sie in ihm noch nicht aktuell enthalten, wohl aber potentiell bedingt sind, so fragt sich, gibt es einen diesem Standpunkt entsprechenden Vocallaut, und wenn es ihn gibt, so dürfen wir nicht anstehen, diesen Laut mit dem Namen des Urlauts oder Urvocals zu bezeichnen. Dieser Laut wird nicht ein solcher sein, der dem Sprachbewußtsein zuerst klargeworden ist, denn das erwachende

[1] An neueren Untersuchungen über das Farb-Klang-Verhältnis seien genannt: Albersheim und Reichard et al.

Bewußtsein, die Reflexion, manifestiert sich immer zuerst in den Polen, in den mehr in die Sinne fallenden Extremen, als in der überall unscheinbaren Indifferenz, wie sie noch in ihrer Unentwicklung begriffen ist . . .

Der Urlaut wird sich gleichsam rückwärts so entdecken, er wird derjenige Laut sein, um den die andern, die entwickelten Vokale, bei erlahmender Productionskraft zurücksinken; denn wenn es einen solchen gemeinschaftlichen Rückfall für die entwickelten Pole gibt, so ist nothwendig in ihm die Indifferenz gefunden. Dieser Laut läßt sich in allen lebenden Sprachen aufs leichteste nachweisen . . .

Noch ist zu bemerken, daß dieser Laut, gerade um seiner Unentwicklung wegen, wohl naturgemäß nur als Kürze vorkommt, denn so wie der Laut gedehnt gesprochen wird, so wird er zu seiner Bequemlichkeit eine gelinde Färbung nach irgend einer Seite hin annehmen, wiewohl man mit einiger theoretischer Hartnäckigkeit ihn recht gut gedehnt sprechen kann.“ (S. 20 ff.)

Das Vokaldreieck von RAPP hat folgende Gestalt:

i			ü			u
	e		ö		o	
		ä	ö̈	a		
			ə			
			a			

Dies ist im Grund das Hellwagsche System: neu hinzugekommen sind der „Urvokal“ [ə] und das [ö̈], welches von dem [ö] unterschieden werden muß. Zur näheren Erläuterung schreibt RAPP:

„Da es schon im vorigen § zur Sprache kommen mußte, was die dem Urlaut zunächst gelegenen Vocale sind, so will ich jetzt gleich die Haupteigentümlichkeiten unseres Schemas angeben, daß es nämlich zunächst und ohne Vermittlung der Polarität eine indifferente Entwicklung darbietet, indem der Urlaut sich zum ersten Hauptvocal a bestimmt.“ (S. 22)

Hier ist das [a] nicht mehr der *einfachste Vokal*: diesen Platz nimmt das mit minimaler Artikulation gesprochene, indifferente [ə] ein. Der Vokal [a] bleibt aber der *erste Hauptvokal*. Um alle Fehlinterpretationen zu vermeiden, betont RAPP ausdrücklich:

„Um alles Mißverständnis zu verhüten, muß ich auf das Verhältnis des a und des Urlauts noch einmal aufmerksam machen. Wenn wir oben aus dem Urlaut die drei Hauptvocale a e o hervorgehen ließen, so ist dies nicht ein organischer Prozeß, sondern ein *theoretisches Axiom*.“ (S. 30)

RAPPs Gedanken sind klar und eindeutig; seine methodische Strenge mutet uns modern an. Um so erstaunlicher ist die Kritik, die MICHAELIS gegen ihn führt:

„RAPPs eigentümliche Begründung dieser Stellung des [ə] aus der Goetheschen Farbenlehre kommt uns freilich nach unseren heutigen Anschauungen ziemlich phantastisch vor. Auch seine Bezeichnung der a–i-Reihe als einer positiven und der a–u-Reihe als einer negativen gehört einem längst überwundenen Standpunkte der damaligen naturphilosophischen Verirrungen an.“

Wie MICHAELIS mitteilt, wendete sich auch BRÜCKE gegen das Vokaldreieck von RAPP; er erklärte die Aufnahme des Schwa in die von den

Vokalen a-u-i gebildete Ebene für unbefriedigend, da man bei dessen Berücksichtigung auf räumliche Gebilde übergehen und an Stelle des Dreiecks ein Tetraeder oder ähnliches als Vokalgerüst wählen müsse, in dessen Zentrum dann das Schwa seinen Platz fände. Dieser Gedanke wurde später von FORCHHAMMER in seinem „Vokalklotz“ verwirklicht.

4. WHEATSTONE und LEPSIUS

Das Schwa spielte immer, wenn seine Existenz nicht schlechthin geleugnet wurde, die Rolle eines, in ständiger Opposition zu den übrigen Vokalen stehenden Außenseiters.

So gibt WHEATSTONE 1838 in der auf S. 5 angeführten Rezension folgende Vokaltabelle mit deutlicher Isolierung des Schwa:

Aw	O	Oo
Ah	Ou	Unbe-
Ae	Eù	stimmt
A	Eú	
E	U	

Auch LEPSIUS erwähnt in seinem Buch „Das allgemeine linguistische Alphabet“ (1855) die gesonderte Stellung des Schwa:

„Es ist ferner noch eines Vocals zu gedenken, der sich fast in allen Sprachen findet und in der Linguistik eines Ausdrucks bedarf. Dies ist der *unbestimmte Vocal*, aus welchem sich die übrigen Vocale nach den Ansichten Einiger erst zu größerer Deutlichkeit herausgebildet haben und in welchen die tonlosen Vocale unserer gealterten europäischen Sprachen, namentlich das kurze e, häufig wieder zurückkehren.“

Seine Vokalpyramide hat folgende Gestalt:

a

e̲ o̤̲ o̲

e o̤ o

ẹ ọ̤ ọ

i ṳ u

(Die den Umlaut kennzeichnenden Punkte stehen unter den Buchstaben. Ferner bedeuten die unterstrichenen Buchstaben die offenen, diejenigen mit einem Punkt darunter, die geschlossenen Vokale.)

Wie LEPSIUS ausdrücklich betont, ist für das [ə] in diesem System kein Platz: es steht außerhalb desselben.

5. Du Bois-Reymond

Im 7. Abschnitt des Kapitels „Phonetik", „Über das Schwa oder flüchtige E", seines Buches „Cadmus oder Allgemeine Alphabetik" (1862)[1] schreibt Du Bois-Reymond der Ältere:

> „Das in der Mitte zwischen o, a und ä schwebende ö verdient eine besondere Berücksichtigung."

Danach erläutert er, warum die Stellung der Artikulationsorgane beim [a] „absichtlich und künstlich" ist und daher das [a], entgegen der Annahme der „Alphabetiker", nicht der einfachste und natürlichste Vokal sein kann. Vielmehr sei dieser einfachste Laut, in der natürlichen Ruhestellung der Artikulationsorgane gesprochen, das kurze [ö], unser Schwa [ə].

> „Erwägt man das verschiedentliche Vorkommen des Schwa und namentlich die Stellung der Organe bei dessen Hervorbringung, so muß man zum Schluß gelangen, daß es mit ebensovielem Rechte, wo nicht noch mehr, als das a, zum Ausgangspunkt des Vokalsystems gewählt werden konnte."

Der Verfasser selbst nimmt allerdings weder das [a] noch das [ə] als Ausgangspunkt seines Systems.

6. Brücke

E. Brücke veröffentlichte 1878 ein noch komplexeres Vokalsystem als dasjenige von Lepsius:

a

a^e a^o

e^a $a^{œ}$ o^a

e e^o o^e o

i i^u u^i u

Auch in diesem System ist das Schwa nicht enthalten. Allerdings scheint Brücke generell dem [ə] Eigenständigkeit abzusprechen, wenn er ausführt:

> „Es ist hier der Ort, von dem Laute zu sprechen, welchen Lepsius als den unbestimmten Vokal bezeichnet. Eine sorgfältige Untersuchung der Sprachen wird gewiß das Verbreitungsgebiet, welches man diesem Laute anweist, immer mehr einschränken; denn bald erkennt man in einem solchen scheinbar ganz unbestimmten Laute, bei dem Versuche ihn nachzubilden, ein kurzes e^o, bald ein unvollkommen gebildetes o^e, oder ein unvollkommen gebildetes o^a oder $a^{œ}$!"

---

[1] Bereits im Jahre 1812 waren zwei Fragmente des Werkes erschienen. Darin findet man ein dem Hellwagschen Dreieck gleichendes Vokalsystem, welches jedoch eine unabhängige Schöpfung Du Bois-Reymonds zu sein scheint.

7. WINTELER und SIEVERS

SIEVERS (1881, S. 64) äußert sich zu BRÜCKEs Vokaldreieck:

„Die indogermanische Ursprache unterschied, wie man glaubte annehmen zu dürfen (was aber durch die neueren Untersuchungen über indogermanischen Vocalismus als unrichtig erwiesen worden ist), nur drei bestimmte Vocalqualitäten, a, i, u, und auch innerhalb der complicierteren Vocalsysteme der modernen Sprachen schienen diese drei, als die entschiedensten und stärksten Gegensätze vocalischer Klangfarbe darstellend, besonders hervorzutreten. Ihr Verhältnis und ihre relative Lage mußte also zuerst fixiert werden, damit auch den zwischenliegenden Vocallauten ihre Stellung im System richtig angewiesen werden konnte."

Die Kritik, die SIEVERS gegen das Brückesche Vokaldreieck vorbringt, richtet sich darauf, daß nur auf den subjektiven, akustischen Effekt und nicht auf die spezifische Artikulationsform der Vokale Rücksicht genommen würde. Er begrüßt die Verbesserung, die WINTELER dadurch vollzogen habe, daß er die Laute in einer Linie anordnete: u-a-i oder umgekehrt. Außerdem schlägt SIEVERS vor, beim Aufbau des Systems nicht mehr wie bisher von dem einfachsten Vokal a auszugehen,

„sondern (nach einer schon von DU BOIS-REYMOND, Kadmus 193, gegebenen Vorschrift) von den beiden mit größerer Sicherheit zu bestimmenden Endpunkten der Vokallinie u–i und von da aus erst nach der Mitte vorzuschreiten." (S. 65)

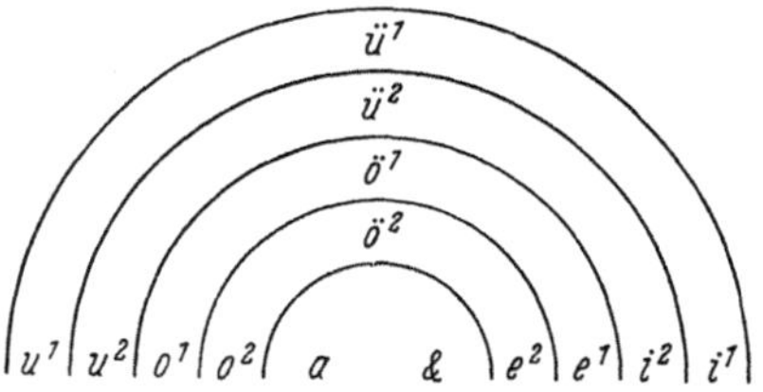

Abb. 11. Vokalsystem von SIEVERS

SIEVERS kommt schließlich zu dem System der Abb. 11. (Index 1 bedeutet den offenen Vokal, Index 2 den geschlossenen. Das & ist der breite ä-Laut wie in „Bär".)

8. BELL und SWEET

SIEVERS begrüßte in dem nach artikulatorischen Gesichtspunkten aufgebauten Schema von BELL und SWEET, daß man in ihm mehr Vokalnuancen als in irgend einem der deutschen Systeme unterscheiden könne.

Die Zungenbewegungen werden in eine horizontale und in eine vertikale Komponente aufgespalten. Die Endpunkte der waagrechten Bewegung sind mit „back" und „front" gekennzeichnet. „Back" bezeichnet eine gutturale Artikulation, „front" eine „palatale", dazwischen liegt ein Gebiet gutturo-palataler Artikulation, welches die Bezeichnung „mixed" trägt. Die vertikale Bewegungskomponente der Zunge wird in drei Bereiche geteilt: „high", „mid" und „low". Damit ergeben sich neun Kardinalstellen der Vokalartikulation:

high-back	high-mixed	high-front
mid-back	mid-mixed	mid-front
low-back	low-mixed	low-front

Zwischenpositionen können diakritisch bezeichnet werden mit: „raised", „lowered", „inner", „outer" usw. Als weitere übergeordnete Kategorien werden eingeführt: „rounded-unrounded" und „narrow-wide". Der erste Gegensatz betrifft die Rundung der Lippen; der zweite beschreibt die Form der Zunge bei der Artikulation.

Bemerkenswert bei dieser Klassifikation ist, daß zur artikulatorischen Charakterisierung der Vokale nur die Zungenstellungen und keine Veränderungen des Pharynx herangezogen werden.

9. Vietor

Vietor stellte ein Vokalschema nach physiologischen Daten auf, indem er die graphische Darstellung des Vokaldreiecks mit den Artikulationsstellungen der Zunge in Übereinstimmung zu bringen versuchte. Bemühungen dieser Art gehen bis in den Beginn des 19. Jahrhunderts zurück. Das in vielen Lehrbüchern gezeigte Vokaldreieck nach der Zungenartikulation (Abb. 12) ist der Vorläufer des Viëtorschen Systems.

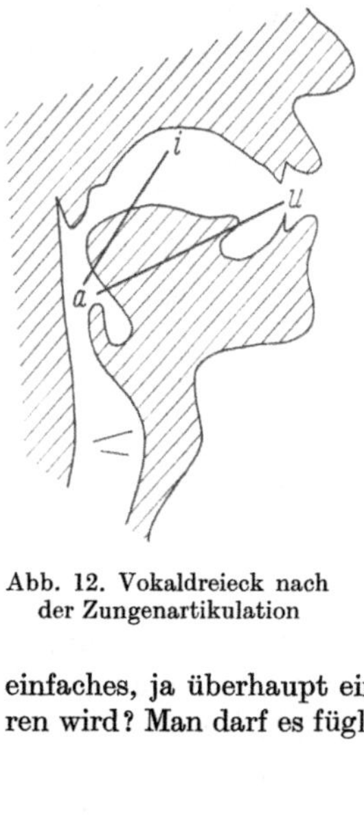

Abb. 12. Vokaldreieck nach der Zungenartikulation

Vietor (1923) selbst hat in späteren Jahren unter dem Eindruck der Untersuchungen von Meyer über die Positionen der Zunge bei der Artikulation seine physiologische Klassifikation als einen Irrtum bezeichnet:

„Seitdem hat Meyer ... eine große Anzahl nach seiner plastographischen Methode gewonnenen Zungenkorrekturen der vorderen und der ‚gemischten' Vokale ... mitgeteilt, neben denen unsere frühere Annahme über Zungenartikulation großenteils als irrig erscheinen ...
Ob die weitere exakte Forschung uns je ein gleich einfaches, ja überhaupt ein artikulatorisches ‚Vokalsystem' im alten Sinne bescheren wird? Man darf es füglich bezweifeln."

10. Forchhammer

Jörgen Forchhammer unterzieht in seinem Buch „Die Grundlagen der Phonetik" (1924) die Vokalsysteme einer scharfen Kritik; nur das Bell-Sweetsche System besteht vor seinen Augen:

„Eine große Verbesserung des, wie wir eben gesehen haben, recht unbefriedigenden Vokaldreiecks, bedeutet die vom Schotten A. M. Bell aufgestellte und später von dessen Schüler H. Sweet vervollkommnete Vokaltafel. Diese ist meines Erachtens die einzige von den bisher erschienenen Vokalaufstellungen, die tatsächlich beanspruchen kann, als ‚System' bezeichnet zu werden." (S. 75)

Der Neigung, zu viele Feinheiten in die Systematik mit aufnehmen zu wollen, die dem Bell-Sweetschen System anhaftet, widerspricht er jedoch.

„Eine Vereinfachung und Verbesserung des Bellschen Systems stellt der von meinem Bruder Georg FORCHHAMMER (Direktor der Taubstummenanstalt in Fredericia) aufgestellte Vokalklotz dar. Hier ist alles Überflüßige beiseite gelassen worden, so daß der Klotz tatsächlich nur die Hauptvokale des Weltsystems enthält." (S. 78)

Zur Charakterisierung der Vokale verfügt G. FORCHHAMMER über drei artikulatorische Beschreibungsparameter:

1. Artikulationsstelle; hinsichtlich dieser Kennzeichnung teilt er die Vokale ein in Vorderzungen- und Hinterzungenvokale.
2. Lippenstellung; hier unterscheidet er breite und runde Vokale.
3. Öffnungsgrad; er benutzt die Stufen eng, halboffen und offen.

In einer Tabelle werden mit diesen Bezeichnungen die Vokale in folgender Weise zusammengefaßt:

	Vorderzungenvokale		Hinterzungenvokale	
	breite	runde	runde	breite
enge	i	y	u	bl
halboffene	e	ø	o	ɑ
offene	æ	œ	ɔ	a

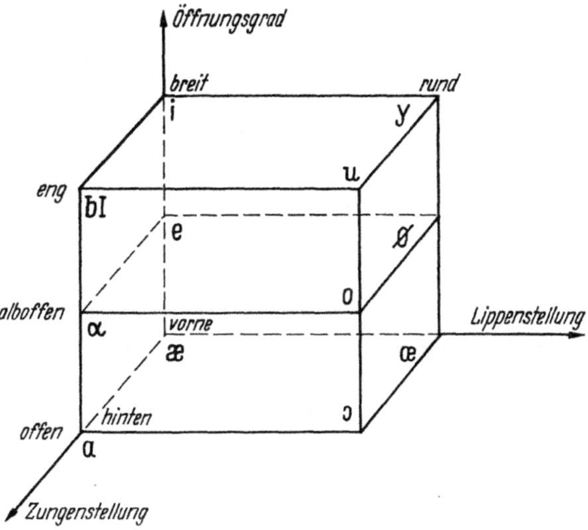

Abb. 13. Vokalklotz von FORCHHAMMER

Um den Vokalklotz zu erhalten, ordnet man jedem der drei Beschreibungsparameter eine Raumdimension zu (Abb. 13). Zu der Stellung des [ə] schreibt FORCHHAMMER:

„Außer den zwölf Buchstabenlautgruppen des oben angegebenen Vokalsystems empfiehlt es sich auch noch aus rein praktischen Gründen, eine dreizehnte Buchstabenlautgruppe aufzustellen. In vielen Sprachen kommt nämlich ein Laut vor, der sich, im Gegensatz zu den bisher besprochenen, durch einen auffallenden Mangel an aktiver Vokalartikulation auszeichnet. Dieser Vokal ist weder breit noch rund, weder Vorder- noch Hinterzungenvokal; auch besitzt er meistens keinen bestimmten Öffnungsgrad, sondern ist durch eine passive, mittlere Stellung sämtlicher Artikulationsorgane gekennzeichnet.

Den so gebildeten *neutralen* oder *unartikulierten Vokal* bezeichnen wir phonetisch mit dem Buchstaben [ə]. Er findet naturgemäß in der Vokaltafel keinen Platz; dagegen können wir ihn im Vokalklotz ungefähr in der Mitte des Klotzes anbringen.

Um Mißverständnissen vorzubeugen, möchte ich ausdrücklich darauf aufmerksam machen, daß das [ə] im Weltlautsystem nur durch die soeben besprochene mittlere Artikulation gekennzeichnet ist. Die schwache, gemurmelte Bildung, die dem deutschen [ə] eigen ist, gehört nicht zu den Charakterisierungsmerkmalen dieses Lautes. Das [ə] kann, wie jeder andere Vokal, betont werden, wie auch andererseits jeder Vokal in der schwachen, gemurmelten Form auftreten kann.“ (S. 52)

11. KANTNER und WEST

FORCHHAMMER war es klar geworden, daß man nicht von *einem* neutralen Vokal Schwa, sondern nur von einer *Gruppe* „neutraler“ Vokalschattierungen sprechen kann, die sich im Zentrum des Vokalsystems anordnen lassen. In dem Buch „Phonetics“ von KANTNER und WEST (die 1. Aufl., 1933, hatte den Titel „Kinesiologic Phonetics“) wird diese Gruppe der „Schwa vowels“ besonders hervorgehoben. Der neutrale Vokal hat bei ihnen allerdings die Bezeichnung [ʌ] (wie in „up“ [ʌp]), was sich aus der englischen Sprache der Autoren ableitet. Nach Röntgenaufnahmen geben sie die Stellung des Ansatzrohres bei der Artikulation des [ʌ] folgendermaßen an (Abb. 14):

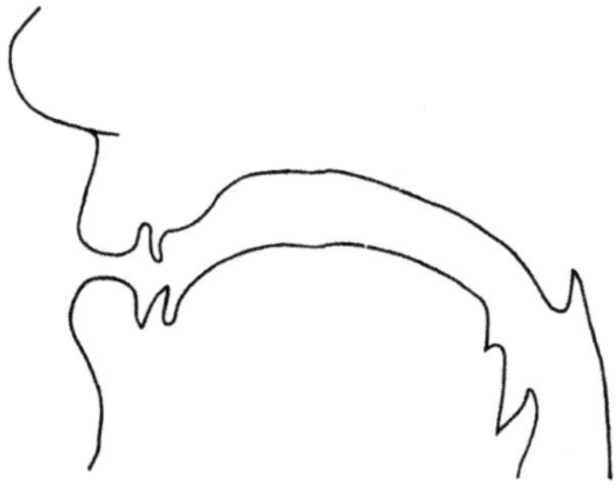

Abb. 14. Längsschnitt des Ansatzrohres für den Vokal [ʌ] (nach KANTNER und WEST)

Deutlich ist zu erkennen, daß das Ansatzrohr einen nahezu konstanten Querschnitt entlang der Achse besitzt, ein für unsere eigene Analyse wichtiger Sachverhalt. Zu den Schwa-Vokalen schreiben KANTNER und WEST:

„We have previously discussed 15 vowels that have more or less sharply delimited phonemes. Each sound is subject to some variation, but the variation is relatively limited and the sounds are easy to distinguish. The [ə] phoneme, on the contrary, is very large and contains many gradations of sounds. The [ə] phoneme serves, as it were, as the dumping ground for all the variations caused by unstressing in each of the other vowel phonemes . . .“ (S. 83)

Für die amerikanischen Vokale wird das Schema Abb. 15 aufgestellt, an welchem sich die folgenden Punkte leicht verifizieren lassen:

„First, we may say that any of the 15 vowels described above may move toward the neutral position to such an extent that they are no longer clear-cut representatives of their own phonemes but have become schwa vowels. Second, the schwa phoneme is very large because of the variation in the extent of the migration toward the neutral position, and because of the fact that each vowel approaches it from a different position and such carries with it some of its own characteristics.“ (S. 84)

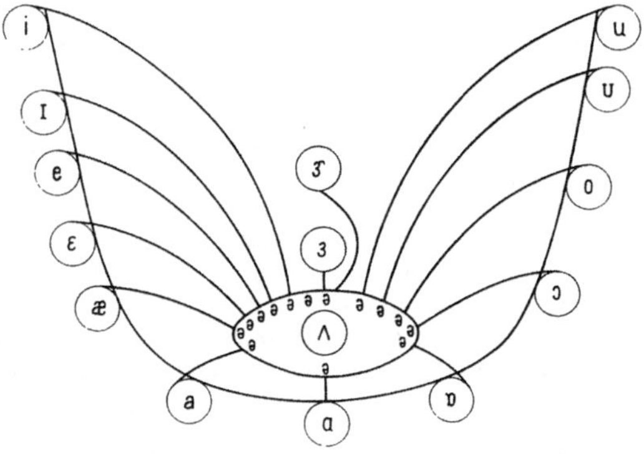

Abb. 15. Vokalschema von KANTNER und WEST

12. BRØNDAL

Die Klassifikation BRØNDALs ist eng mit phonologischen Gedankengängen verknüpft. Seine genauen Vorstellungen über die Wissenschaftlichkeit seines Unternehmens, wie sie sich in den Eingangssätzen seiner Arbeit ausdrücken, verdienen größte Beachtung:

„On reconnaît de nos jours parmi ceux qui pensent le caractère fortuit et insuffisant de toute connaissance exclusivement historique ou empirique. Dans plus d'une science, on aspire à fonder une connaissance rationelle, à lui donner une perspective philosophique. Ce n'est pas seulement dans les sciences dites exactes, et notamment en théorie physique, qu'on remplace un mode de pensée accidentel et provisoire par la rigueur de la méthode déductive. Dans les sciences de l'esprit et de la civilisation on s'efforce également *à voir les formes dans les faits*, selon l'expression d'un philosophe anglais: on recherche des systèmes, on en étudie la structure en psychologie et en linguistique et, à l'intérieur de cette dernière, en phonologie aussi bien qu'en morphologie.

C'est dans cet esprit qu'on se propose ici d'examiner la structure des systèmes vocaliques. Nous aurons donc pour but:

1. de rechercher le minimum de concepts fondamentaux nécessaire et suffisant à la définition d'une voyelle quelquonque (ou du moins de sa qualité);

2. de déduire de l'ensemble de ces définitions la solidarité et, s'il y a lieu, l'indépendance de deux voyelles données;

3. d'établir, à l'aide des groupes ainsi constitués, à la fois le tableau complet des voyelles possibles et les conditions de la structure des systèmes vocaliques.

Pour attaindre ce but suprême, il faut évidemment *abstraire*, c'est-à-dire écarter provisoirement et délibérément plusieurs séries de faits:

1. les *fluctuations* ou variations individuelles et accidentelles, y compris les écarts, souvent considérables, qui séparent les réalisations articulatoires d'une même voyelle-écarts qui dépendent de la combinaison où entre le phonème ou de sa position dans la syllabe, le mot ou la phrase;

2. les *variations non-qualitatives* qu'il importe de considérer comme secondaires par rapport à la nature même de la voyelle, c'est-à-dire toute différence de quantité et de ton, de nasalité et d'emphase.

Ce n'est qu'en éliminant ainsi tout ce qui, au point de vue choisi, n'est pas essentiel qu'on pourra atteindre le but visé – but qui suppose:

1. une *conception* purement *idéale* des phonèmes, ceux-ci étant définis comme des types phoniques abstraits, réalisables phonétiquement de façon toujours variable et jusqu'à un certain point arbitraire, et qui, par conséquent, ne sont jamais liés à une articulation particulière et unique;

2. la possibilité d'une hiérarchie des phonèmes, c'est-à-dire des différences systématiques de rang ou de plan entre voyelles de complexité variable: entre types plus abstraits définis de manière simple et types plus concrets ou complexes définis par des éléments plus nombreux.

(C'est la conception exactement opposée qui, depuis Bell, domine la phonétique classique: tout son serait de caractère composé et composé au même degré – ce qui est peut-être soutenable au point de vue purement articulatoire)."

Brøndal akzeptiert die alten artikulatorischen Unterscheidungsmerkmale „back, front, high, low" und setzt sie als Grundschema zur Einteilung der Vokale (B, F, H, L sind die Abkürzungen).

„Si, par hypothèse, on envisage ces quatre éléments comme les indices provisoires, ou signes extérieurs, d'un symbolisme profond qui constituerait la véritable essence des voyelles, on doit essayer de les définir toutes à partir de ces notions."

Durch Kombination dieser Elemente gewinnt er so zuerst 16 *Vokaltypen:*

0) Einen *neutralen* Vokal, der bestimmt ist durch die Abwesenheit sämtlicher vier Bestimmungsstücke: [ə]. Diesen Vokaltyp nennt Brøndal auch amorph.

1) Vier *elementare* Vokaltypen, von denen jeder durch jeweils ein Bestimmungsstück charakterisiert ist:
   a) Gruppe front-back: [*ε*] = F, [*o*] = B
   b) Gruppe high-low: [*υ*] = H, [*α*] = L

2) Sechs klare Vokale (voyelles distinctes), zusammengesetzt aus jeweils zwei Elementen:
   a) [ø] = FB
   b) [i] = HF, [u] = HB, [e] = LF, [o] = LB
   c) [a] = HL

3) Vier kombinierte Vokale, die durch je drei Elemente definiert sind:
   a) [ẹ] = HLF, [ọ] = HLB
   b) [ü] = FBH, [ö] = FBL

4) Auf der untersten Stufe einen unklaren (indistincte) oder polymorphen Vokal, der aus den vier elementaren Bestimmungsstücken zusammen gebildet ist:
   der russische Vokal [*bl*] = FBHL

Außerdem definiert Brøndal 24 Vokalnuancen und darüber hinaus weitere Verfeinerungen seines Systems:

Die Kohärenz und Solidität des Systems prüft BRØNDAL nach den verschiedensten Richtungen, indem er die inneren Beziehungen der Elemente und Gruppen an sich und hinsichtlich ihrer phonetischen Realisation einer eingehenden Betrachtung unterwirft[1]. Gegen Ende seiner Arbeit betont er noch einmal:

„Il sera indispensable de *déconcrétiser* les notions de base, c'est-à-dire de reconnaître dans les contrastes *front-back* et *high-low* non seulement des types d'articulation physiologique, des timbres acoustiques et des représentations et images psychologiques; il faut y voir en même temps et comme le fondement de toutes ces manifestations extérieures et intérieures des *valeurs symboliques.*"

In der Übersicht hat das Brøndalsche System folgendes Aussehen (die Vokalnuancen sind nicht berücksichtigt):

(0)		I: ə	
(1)	II: *ε o*		III: *v a*
(2)	IV: ø	V: i e u o	VI: a
(3)	VII: ẹ ọ		VIII: ü ö
(4)		IX: bl	

„*Panvocalism*"

<table>
<tr><td></td><td colspan="2">front</td><td></td><td colspan="2">back</td></tr>
<tr><td rowspan="2">high</td><td rowspan="2" colspan="2">V: i</td><td>III: v</td><td rowspan="2" colspan="2">V: u</td></tr>
<tr><td>VIII: ü</td></tr>
<tr><td></td><td>II: ε</td><td>VII: ẹ</td><td>VI: a
I: ə IX: bl
IV: ø</td><td>VII: ọ</td><td>II: o</td></tr>
<tr><td rowspan="2">low</td><td rowspan="2" colspan="2">V: e</td><td>VIII: ö</td><td rowspan="2" colspan="2">V: o</td></tr>
<tr><td>III: a</td></tr>
</table>

Phonetische Realisationen der Vokaltypen:

ə: e-femininum des Französischen;
ε, *o*: das polnische ę, ą;
v, *a*: im Englischen b*u*t, f*a*rther;
ø: französisch *peu*;
i, u, e, o: die klassischen lateinischen Vokale;
a: der klassische lateinische Vokal;
ẹ, ọ: geschlossene Vokale des Französischen: é, ô;
ü, ö: französisch m*ur*, *œuf*;
bl: russischer Vokal „jery".

---

[1] Zur logischen Struktur des Systems siehe UNGEHEUER (1959).

13. Das Vokalsystem der API

Im Gegensatz zu dem abstrakten, aber in sich sehr geschlossenen System von BRØNDAL baut sich die heute vorherrschend gebrauchte Vokalklassifikation der API (Association Phonétique Internationale) aus konkreten, von Röntgenbildern abgeleiteten, artikulatorischen Daten auf. Die zweiparametrige Beschreibung bedient sich der bekannten Gegensatzpaare: front-back, close-open. In der graphischen Darstellung des Systems sind die artikulatorischen Verhältnisse unmittelbar abzulesen (Abb. 16).

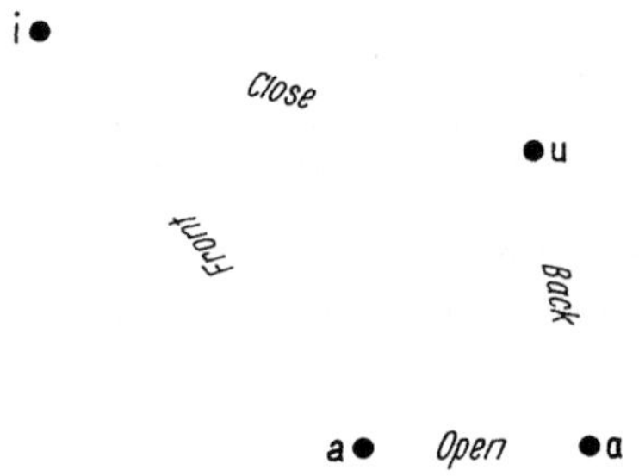

Abb. 16. Grundschema des Vokalsystems der API

In diesem Vokalgerüst unterscheidet die API 8 „Kardinalvokale" und 7 „sekundäre Kardinalvokale" (secondary cardinal vowels) (Abb. 17). Die Lage der neutralen [ə]-Vokale werden gemäß Abb. 18 angegeben.

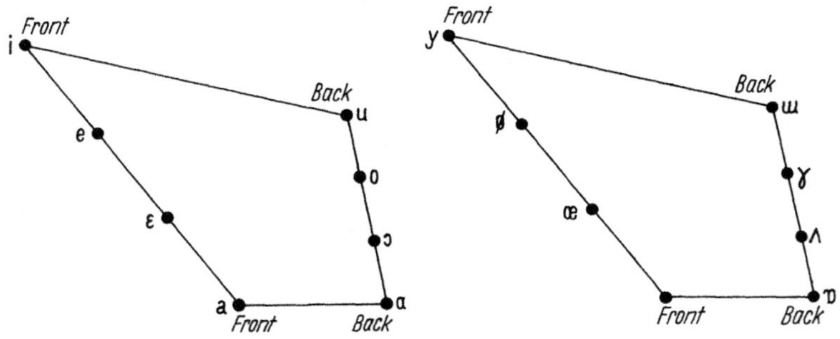

Abb. 17. Kardinalvokale des Vokalsystems der API

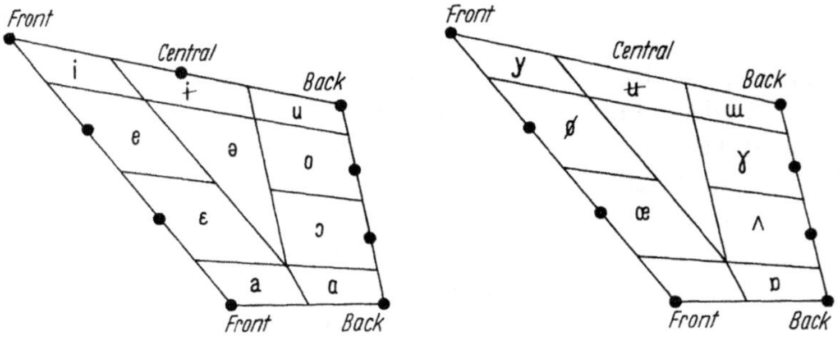

Abb. 18. Vokalsystem der API

DELATTRE et al. brachten die Kardinalvokale in ein einziges Schema, indem sie die Vokale synthetisch mit Hilfe des „Play-back-Gerätes" [siehe hierzu MEYER-EPPLER (1949) sowie POTTER, KOPP und GREEN (1947)] erzeugten und durch Hörertests verifizierten. In einer Formantkarte wird die Lage der Vokale, wie es Abb. 19 zeigt, angegeben.

Diese Darstellung verwendet nur akustische Beschreibungsmerkmale, nämlich die Formantfrequenzen.

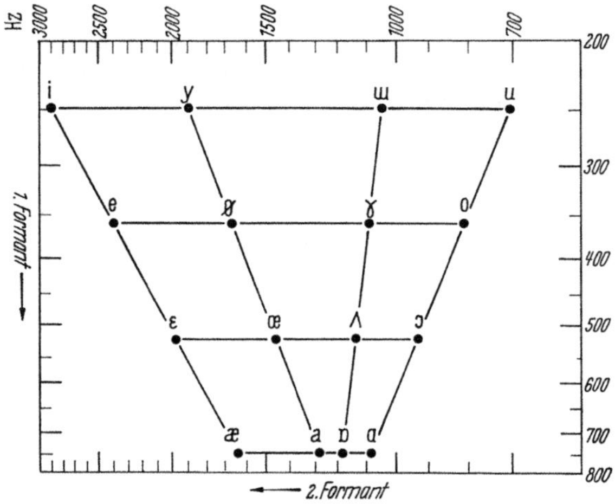

Abb. 19. Formantkarte der synthetischen Kardinalvokale nach DELATTRE et al.

14. Phonologische Schlußbemerkung

Alle in diesem Kapitel besprochenen Vokalsysteme – mit der einen Ausnahme des Brøndalschen Systems – erfaßten die Vokale außerhalb ihrer sprachlichen Funktion als phonetische Objekte und nicht als Phoneme. Wir hatten diejenigen Systeme hervorgehoben, in denen dem Schwa [ə] eine besondere Stellung zugesprochen wurde. Da der neutrale Vokal, wie seit langem bekannt ist, als Schallphänomen in allen Sprachen vorkommt, ist die Frage berechtigt, ob er als Phonem den gleichen exponierten Charakter zeigt, den er in rein phonetischen Systemen trägt.

Das für phonologische Gesichtspunkte zugeschnittene System von BRØNDAL bejaht diese Frage. Einen weiteren Hinweis gibt TRUBETZKOY (S. 105):

„Es gibt aber Fälle, wo ein mehrstufiges Vokalsystem" – gemeint ist hier natürlich das phonologische System einer Sprache – „außer den Vokalen der äußeren Eigentonklassen noch ein ungerundetes Vokalphonem enthält, das zu keiner von diesen Eigentonklassen gehört und weder die maximale noch die minimale Schallfüllstufe aufweist. Da dieses Vokalphonem somit nur negativ gezeichnet werden kann, darf es als ‚*unbestimmter Vokal*' bezeichnet werden. Dieses Phonem darf nicht mit dem einzigen Vertreter der (ungerundeten) mittleren Eigentonklasse verwechselt werden: dieser steht zu u und i in reinem (isolierten eindimensionalen) Eigentongegensatz, während der ,unbestimmte Vokal' zu keinem anderen Phonem des Vokalsystems in eindimensionalem Oppositionsverhältnis steht und jedenfalls an keinem Eigentongegensatz beteiligt ist. Einen unbestimmten Vokal im oben definierten Sinne besitzen viele Sprachen verschiedener Erdteile, und zwar sowohl in betonten als auch in unbetonten Silben. Er kann sowohl lang als auch kurz sein. Viele Sprachen weisen aber den unbestimmten Vokal nur in Teilsystemen in solchen Lautstellungen auf, wo mehrere Öffnungsgradgegensätze und Eigentongegensätze aufgehoben sind.

Aus alledem geht hervor, daß der unbestimmte Vokal nicht als einziger Vertreter einer bestimmten mittleren Eigentonklasse, sondern als ein außerhalb der Eigentonklassen stehendes Vokalphonem betrachtet werden muß."

B. Systematischer Teil

III. Die phonetisch-akustischen Grundlagen

1. Grenzen und Umfang des Untersuchungsfeldes

Die Anatomie der menschlichen Sprechwerkzeuge setzen wir als bekannt voraus. Einen Überblick, der die wichtigsten Teile des Sprechapparates berücksichtigt, bietet Abb. 20[1].

Die Sprechorgane üben vornehmlich zwei Funktionen aus: sie erzeugen (1) als *Generator* den Schall und modifizieren ihn anschließend (2) in einem *Filterungsprozeß* derart, daß die im Sprechakt intendierte Lautgestalt entsteht. Diese beiden wesentlichen Vorgänge der Sprachschallgenese lassen sich sowohl hinsichtlich der ausführenden Sprechorgane als auch hinsichtlich der akustischen Eigenart der Prozesse genau trennen und eingrenzen. Sie seien im folgenden näher erläutert.

1. Das Trachea-Bronchien-Lungen-System ist die Quelle des zum Sprechen notwendigen Luftstroms. Zusammen mit einer *Verengung im Ansatzrohr*[2], an welcher die durchstreichende Luft zu hörbaren Schwingungen angeregt wird, bildet es den Erzeugungsmechanismus des Sprachschalls. Jene zur Schallproduktion erforderliche Konstriktion, welche man ihrer Funktion wegen als den wesentlichen Teil des Sprachschallgenerators ansehen muß, kann an verschiedenen Stellen des Ansatzrohres gebildet werden. Für alle *stimmhaften* Laute wirken die periodisch sich öffnenden und schließenden Stimmlippen im Kehlkopf als Schallgenerator. Hierbei erzeugt das Zusammenspiel von Luftstrom und Innervation der Stimmlippen[3] quasiperiodische Schallverläufe, deren Frequenz als Stimmton

---

[1] Zum näheren Studium der Anatomie und Physiologie der Sprechorgane sei auf die Werke von RANKE/LULLIES, ARNOLD und LUCHSINGER/ARNOLD verwiesen.

[2] Unter „Ansatzrohr“ verstehen wir den rohrförmigen Hohlraum, der sich aus Rachen- und Mundhöhle zusammensetzt. DIETH (S. 124) kritisiert diesen Terminus und ersetzt ihn durch „Lautgang“; v. ESSEN verwendet den Ausdruck „Ansatzraum“.

[3] An Literatur zu den verschiedenen physiologischen Theorien der Phonation sei genannt: HUSSON (1958, 1960) und VAN DEN BERG.

hörbar wird. Den Erzeugungsvorgang des stimmhaften Schalls nennen wir *Phonation*[1].

Ändert man die für die Phonation spezifische Stellung und Spannung der Glottismuskeln in bestimmter Weise, so verschwindet die Periodizität der Schallverläufe, und man erhält geräuschartige Laute, etwa geflüsterte

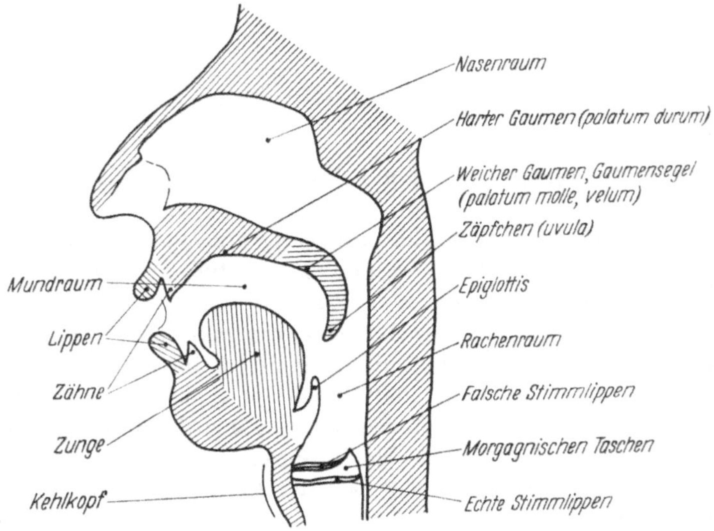

a

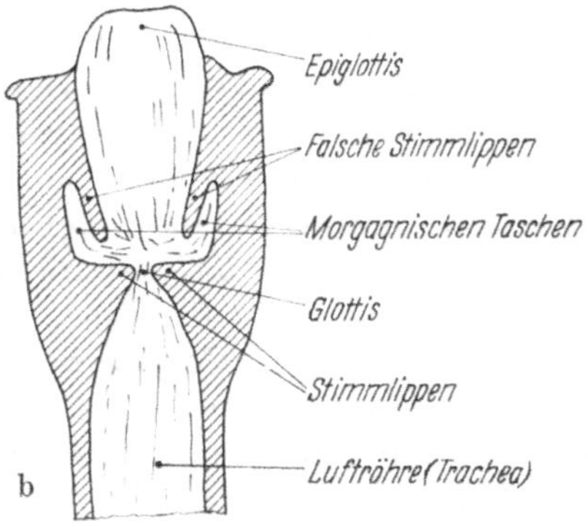

b

Abb. 20 a und b. Die Sprechorgane; oben: Medianschnitt durch das Ansatzrohr, unten: Längsschnitt durch den Kehlkopf (Ansicht von hinten)

Vokale. Geräusche können aber auch an anderen Stellen im Ansatzrohr hervorgebracht werden. Bei den stimmlosen bilabialen Frikativlauten liegt die zur Schallgenese notwendige Konstriktion an dem dem Kehlkopf entgegengesetzten Ende des Ansatzrohres; die Schallquelle der Labiodentalen wird von Unterlippe und oberen Schneidezähnen gebildet. Bis zur Uvula (Zäpfchen) kann an jedem Punkte das Ansatzrohr mit Hilfe der äußerst flexiblen Zunge und des Velums so verengt werden, daß Ge-

[1] Bei genauerer Betrachtung gehören zum phonatorischen Schallgenerator nicht nur die Glottis, sondern auch die falschen Stimmlippen und die von ihnen gebildeten Morgagnischen Taschen. Außerdem muß die dämpfende Wirkung der Epiglottis, auf die insbesondere Russell (1928) hingewiesen hat, bei der Schallerzeugung beachtet werden.

räusche entstehen. Die mannigfaltige Schar der Frikativen hat in dieser Möglichkeit ihren Ursprung. Aber auch die Plosivlaute können auf dieses Erzeugungsprinzip zurückgeführt werden, da sie sich – cum grano salis – nur dadurch von den Frikativen unterscheiden, daß die Geräusche in einem sehr kurzen Zeitraum produziert, gleichsam hervorgestoßen werden.

Bereits in dieser kurzen Darstellung wird erkennbar, daß die drei großen Kategorien der vokalischen, frikativen und plosiven Sprachlaute durch charakteristische Merkmale ihres Erzeugungsprozesses bestimmt sind. Sehr häufig sind aber bei diesem Erzeugungsprozeß zwei Schallquellen in Tätigkeit, so beispielsweise bei den stimmhaften Frikativen, deren stimmhafter Anteil von den Stimmlippen im Kehlkopf und deren frikativer Anteil von der entsprechenden Konstriktion im Ansatzrohr hervorgebracht wird.

2. Ist der Schall erzeugt, so wird er in einem nachfolgenden *Filterungsprozeß* zur endgültigen Sprachlautgestalt *artikuliert*[1]. Artikulation nennen wir denjenigen Prozeß, in welchem der Schall von den Resonanzeigenschaften der Höhlräume zwischen der schallerzeugenden Verengung im Ansatzrohr und den Mundlippen modifiziert, in bestimmter Weise geprägt wird.

Bei den stimmhaften Lauten und den geflüsterten Vokalen ist die Strecke vom Generator bis zu den abstrahlenden Mundlippen am längsten. Das an den Stimmlippen entstehende Geräusch oder der Phonationsschall wird gewissermaßen mit den akustischen Eigenschaften des ganzen Ansatzrohres beladen; wenn das Gaumensegel gesenkt ist und einen Zugang zum Nasenraum schafft, treten hierzu noch die akustischen Charakteristika des Nasenraumes in ihrem besonderen Verhältnis zu denen des Ansatzrohres. Die *stimmlosen* Frikative sind dagegen nur von dem zwischen Erzeugungspunkt und Mundlippen liegenden Raumstück beeinflußt. Die *stimmhaften* Frikative entstehen aus einem doppelten Filterungsprozeß: einmal wird der stimmhafte Schall der Glottis vom ganzen Ansatzrohr und außerdem der frikative Schall von dem kürzeren Rohrstück zwischen Konstriktion und Mundlippen gefiltert[2]. Komplizierter scheinen

[1] Die Verwendung des Begriffes „Artikulation" ist nicht einheitlich. Kainz schreibt hierzu (III, S. 198): „Der Begriff ‚Artikulation', der manchmal zur Bezeichnung der Gesamtheit jener Prozesse verwendet wird, die wir unter dem Ausdruck ‚äußere Sprechhandlung' befassen, hat diese wenig empfehlenswerte, weil allzu weite Sinnerfüllung durch Kussmaul erhalten, der bekanntlich das komplexe Sprachgeschehen in die Teilphasen der Diktion und Artikulation aufgliedert. Er versteht unter Artikulation die ganze lautliche Praxie der peripherischen Exekutivhandlung, d. h. die Tätigkeit der drei Organsysteme der Respiration (Luftversorgung), Phonation (Stimmgebung) und Lautbildung (Artikulation im engeren Sinne)." – Wir schließen uns der Kritik von Kainz an und verwenden „Artikulation" nur in diesem engeren Sinne.

[2] An Literatur zur Erzeugung der Frikativlaute seien genannt Meyer-Eppler (1953) und Fant (1961).

die Verhältnisse bei den Plosivlauten zu liegen. Wenn bei ihnen der für ihre Erzeugung charakteristische vollständige Verschluß des Ansatzrohres plötzlich gelöst wird, ist der hierdurch hervorgebrachte Schall dem akustischen Einfluß aller Artikulationsräume ausgesetzt und nicht nur dem Raumstück zwischen Konstriktion und Mundlippen. Der Unterschied zwischen der Schallgenese der Plosivlaute und derjenigen an der Glottis besteht darin, daß der Schallgenerator im ersten Falle nicht an einem Ende, sondern innerhalb der modifizierenden Resonanzräume liegt, wodurch noch wenig erforschte Einflüsse wirksam werden.

Es ist nun durchaus nicht so, daß für jeden Laut die *Produktion* des Schalls in gleicher Weise vor sich gehe und die Differenzierung der Laute daher allein der *Artikulation* zugeschrieben werden müßte. Diese Ansicht wird bereits durch die gewonnene Erkenntnis widerlegt, daß drei der wichtigsten Sprachlautkriterien, nämlich Stimmton, Friktion und Plosion von der Arbeitsweise des Schallgenerators herrühren. Darüber hinaus muß aber betont werden, daß auch innerhalb dieser drei Klassen der Erzeugungsmechanismus erheblichen Schwankungen unterworfen ist, und der erzeugte Sprachschall daher bereits vor seiner Artikulation akustische Unterschiede aufweist.

Zu ihnen gehören die unterscheidenden Merkmale der Männer-, Frauen- und Kinderstimme; sodann die verschiedenen Stimmregister, die Klangfarben der Stimme (z. B. offen, gedeckt, spitz, dumpf usw.), aber auch Stimmeinsatz (behaucht, weich, hart), Lautstärke und Intonation.

Soweit der Erzeugungsmechanismus des Sprachschalls willkürlich gesteuert werden kann, dienen die auf diese Weise hervorgebrachten Schallmerkmale überwiegend dem emotionalen Ausdruck des sprechenden Individuums[1], die unwillkürlichen Schwankungen in der Schallproduktion sind für die Sprechweise des betreffenden Individuums charakteristisch und gehören zur sog. „diagnostischen Sphäre" des Sprachschalls[2].

Der endgültige Sprachlaut ist demnach sowohl vom Produktionsvorgang als auch von der Artikulation geprägt. Bezeichnen wir die Gesamtheit der Attribute eines bestimmten Lautes mit „L", diejenigen, die vom Generator herrühren, mit „G" und diejenigen, die dem Artikulationsprozeß entspringen, mit „A", so stellt sich der beschriebene Sachverhalt formelhaft in folgender Gleichung dar:

$$L = G + A$$

Die vorliegende Untersuchung beschäftigt sich nun ausschließlich mit der *Akustik der Artikulation*, und zwar in der Hauptsache mit der Arti-

---

[1] Siehe TROJAN; in Tonsprachen wird allerdings die Tonhöhe phonologisch relevant; außerdem werden „suprasegmentale" Phoneme durch Akzent- und Intonationsverläufe realisiert.

[2] Siehe MEYER-EPPLER: „Zum Problem der sphäriellen Analyse . . ."

kulation derjenigen Sprachlaute, für die das *gesamte Ansatzrohr* als Filterorgan benutzt wird, insbesondere also mit der Artikulation der *vokalischen Sprachlaute*. Ist der Artikulationsprozeß für diese Laute geklärt, so lassen sich nach dem gleichen Prinzip auch die übrigen Artikulationsvorgänge beschreiben.

Der Prototyp der Artikulationen, die wir untersuchen wollen, die Vokalartikulation nämlich, ist demnach folgendermaßen charakterisiert:

1. An den Stimmlippen wird eine annähernd periodische Folge von Schallimpulsen erzeugt (Abb. 21);
2. Artikulationsorgan ist der gesamte Hohlraum des Ansatzrohres;
3. der Nasenraum bleibt von der Artikulation ausgeschlossen;
4. das Ansatzrohr wird als zeitlich konstant angesehen.

Da wir nur die Wirkungsweise der Artikulation erforschen wollen, haben wir es mit der Beantwortung der Frage zu tun: *wie funktioniert das Ansatzrohr als akustisches Filter?* Beachtet man, daß in akustischer Hinsicht – wie noch ausführlich zu zeigen ist – die oben erwähnten A-Attribute identisch sind mit den sog. „Formanten", dann präzisiert sich unser Problem genauer in der Frage: *wie sind die Gestalten des Ansatzrohres mit den Positionen der Formanten, d. h. mit den Formantfrequenzen verknüpft?*

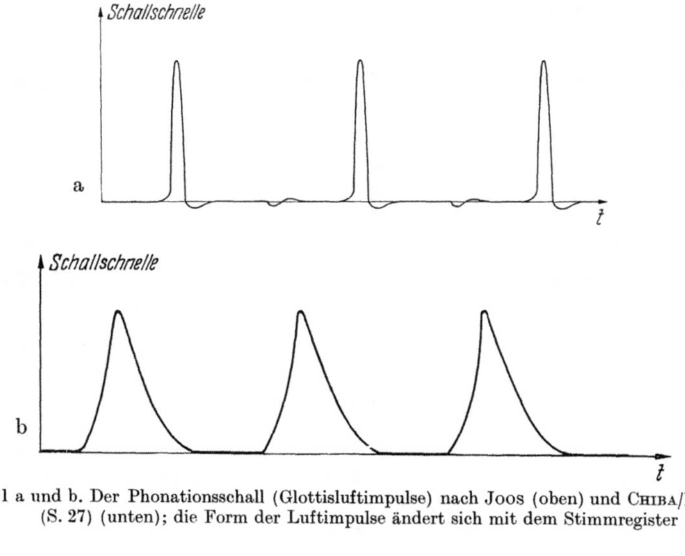

Abb. 21 a und b. Der Phonationsschall (Glottisluftimpulse) nach Joos (oben) und CHIBA/KAJIYAMA (S. 27) (unten); die Form der Luftimpulse ändert sich mit dem Stimmregister

Der Mechanismus der Vokalartikulation läßt sich vorläufig folgendermaßen beschreiben. Das Phonationsorgan gleicht bei stimmhaften Vokalen einem Impulsgenerator (siehe Abb. 21), bei geflüsterten einem Rauschgenerator. Die Glottis ist der Ausgang, an dem die Luftschwingungen den

Generator verlassen, zugleich aber auch der Ort, an dem die Impulse bzw. das Rauschen entstehen. Die von den Stimmlippen erzeugten Schalldruckverläufe besitzen ein sehr obertonreiches Spektrum, welches bis gegen 4 kHz im allgemeinen einen nur geringen Abfall aufweist. Das Ansatzrohr wirkt als akustisches Filter auf dieses Spektrum und prägt es zu einer „Maximum-Minimum-Gestalt". Die maximalen Energiekonzentrationen, durch minimale Intensitätsbereiche getrennt, sind die Formanten der Vokale.

Abb. 22 zeigt die Resultate solcher „Artikulationsfilterungen", nämlich die Spektren der Schallverläufe von drei Vokalen, aufgenommen nach dem „Visibel-Speech-Verfahren" (Sonagraph) (siehe POTTER et al.); die Schwärzungen sind die Energiekonzentrationen, d. h. die Vokalformanten.

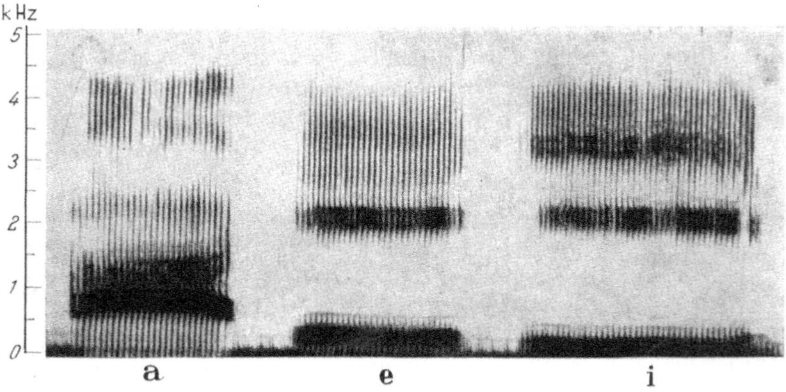

Abb. 22. Die Frequenzspektren von drei Vokalen, aufgenommen mit dem Sonagraphen. Zeitachse ist die Abszisse, Frequenzachse die Ordinate. Die spektralen Intensitäten werden durch die Schwärzung wiedergegeben

An diesem Punkte der Darstellung ist die Frage zu beantworten, ob der Mechanismus der Artikulation getrennt von dem der Phonation analysiert werden kann. Seit den frühen Tagen experimenteller Phonetik, seit KEMPELEN und WILLIS, hat man die Erzeugung des Sprachschalls mit derjenigen des Klanges bei Zungenpfeifen verglichen. Die Ähnlichkeit ist tatsächlich groß[1]. Die durchschwingende oder aufschlagende Zunge bringt

[1] Auch moderne Autoren erwähnen diese Parallelität. So schreiben BLOCH und TRAGER (S. 12): „In its simplest terms the human speech mechanism may be compared to a wind instrument such as a clarinet or a flute: in both, sounds are produced by stopping, or otherwise interferring with the free flow of a column of air through an enclosed passage. In the human mechanism, the column of air is furnished by the lungs, from which it is expelled by controlled action of the diaphragm. As this air passes upward through the larynx and the pharynx, and then forward and out through the mouth or nose or through both, its flow may be stopped or impeded at various points along the way, and the shape of the chambers through which it passes may be variously modified."

schnell aufeinanderfolgende Luftimpulse hervor, wie sie auch an der Glottis entstehen; und das dem Zungenaggregat aufgesetzte Rohr wirkt als Filter wie das Ansatzrohr. Bei der Zungenpfeife bilden Zunge und Rohr ein stark gekoppeltes System eines mechanischen mit einem akustischen Resonator. Eine ähnlich starke Kopplung liegt aber bei dem Zusammenwirken von Phonation und Artikulation nicht vor. Im einzelnen lassen sich folgende Gründe für eine vom Phonationsorgan getrennte Untersuchung des Ansatzrohres angeben:

1. Selbst wenn die Kopplung der menschlichen Sprechwerkzeuge ebenso stark wäre wie bei der Zungenpfeife die Kopplung zwischen Zungenaggregat und Rohr, müßten die Filtereigenschaften des Ansatzrohres getrennt vom Phonationsorgan untersucht werden.

2. Die Luftimpulse entstehen an der Glottis in anderer Weise als bei der schwingenden Zunge. Die gegenüber dem Zungenaggregat der Pfeife kleinen Dimensionen der Stimmlippen machen eine Rückwirkung des Ansatzrohres unwahrscheinlich[1].

3. Das Phonationsorgan ist cerebral gesteuert, und zwar unabhängig von der physikalischen Funktion des Ansatzrohres[2].

2. Das Ansatzrohr als akustisches Filter

Die Artikulation wurde oben als ein den Phonationsschall modifizierender Prozeß beschrieben, bei welchem das Ansatzrohr als *akustisches Filter* wirkt. Die Funktionsweise eines solchen Filters soll jetzt näher erörtert werden.

Es gibt grundsätzlich zwei verschiedene Weisen, die akustischen Eigenschaften eines Filters zu kennzeichnen. Beide beschreiben mit verschiedenen Mitteln den gleichen Sachverhalt; beidemal soll ermittelt werden, wie ein gegebenes Filter einen gegebenen Schallvorgang verändert. Die eine Analyse charakterisiert das Filter durch die Eigenschaften der *freien Schwingungen* oder *Eigenschwingungen* (Resonanzschwingungen), die in ihm erregt werden können, die andere verwendet *erzwungene Schwingungen* bestimmter Form, um die akustischen Qualitäten des Filters zu erfassen.

---

[1] Bereits HELMHOLTZ (S. 158) führte aus: „Im menschlichen Kehlkopfe dagegen wird die Spannung der Stimmbänder, welche hier die membranösen Zungen bilden, selbst verändert und bestimmt die Höhe des Tones. Die mit dem Kehlkopf verbundenen Lufthöhlen sind nicht geeignet, den Ton der Stimmbänder beträchtlich zu verändern; namentlich haben sie zu nachgiebige Wände, als daß in ihnen Luftschwingungen zu Stande kommen könnten, stark genug, um den Stimmbändern eine Schwingungsperiode aufzudrängen, die nicht von ihrer eigenen Elasticität geforderten sich anpaßt."

[2] Siehe: RANKE/LULLIES (S. 206/207), v. D. BERG (1954), FLANAGAN (1958).

a) Die Analyse nach freien Schwingungen

Das Kernstück eines Filters ist ein elastisches Medium, welches, nach einer stoßartigen Erregung (Impuls) sich selbst überlassen, zu Oszillationen fähig ist. Die elastische Materie des Artikulationsfilters ist die im Ansatzrohr eingeschlossene Luftsäule. Bringt man dieses Luftvolumen – etwa, wie es AUERBACH bei seinen Perkussionsversuchen ausführte, durch einen kurzen Stoß an die Wangen - zum Schwingen, dann entstehen in jedem Volumelement eine Reihe gedämpfter, sinoidaler Oszillationen, die sich zu einem komplexen Schwingungsverlauf überlagern. Diese gedämpften Sinoidalschwingungen nennt man die *Eigenschwingung des Filters;* es sind seine *Resonanzschwingungen.* Auch nennt man sie *freie Schwingungen,* weil ihr Verlauf allein durch die dem Filter inhärenten Kräfte bestimmt ist.

Die Eigenschwingungen klingen gemäß der vorhandenen Dämpfung mehr oder weniger stark nach einer exponentiellen Hüllkurve ab (Abb. 3). Ohne die dämpfende Wirkung irreversibler Energietransformationen (Energieverluste durch innere Reibung der Luft und Reibung an den Wänden, durch Abstrahlung usw.) haben die Resonanzschwingungen die Form von unbegrenzte Zeit andauernden, ungedämpften Sinoidalfunktionen; in diesem Falle verharrt das System in dem einmal angeregten Schwingungszustand.

Die Eigenschwingungen eines akustischen Filters lassen sich an verschiedenen physikalischen Größen beobachten: am Schalldruck, an der Schallschnelle, an den Dichteänderungen des schwingenden Mediums oder an den Auslenkungen der Elementarteilchen aus der Ruhelage. Je nach dem Beobachtungsfeld wechselt daher für die Resonanzschwingungen die physikalische Observable; die Werte der vier charakteristischen Parameter, welche den Verlauf der freien Schwingung in jedem Falle eindeutig kennzeichnen, bleiben dagegen (bis auf genau definierte Änderungen der Amplitude) erhalten. Diese vier charakteristischen Parameter sind: die *Frequenz* ν, die *Amplitude* A, die *Abklingkonstante* δ und der *Phasenwinkel* α.

In Abb. 3 ist eine exponentiell abklingende Sinoidalschwingung dargestellt, also eine Oszillation vom Typus der freien Schwingungen im Ansatzrohr. Mathematisch wird dieser Schwingungsverlauf durch die Funktion

$$q = A\, e^{-\delta t} \sin (2\pi \nu t + \alpha) \qquad \text{(III, 1)}$$

beschrieben. $q(t)$ symbolisiert den zeitabhängigen Wert der beobachteten Größe in den Dimensionen des jeweiligen physikalischen Maßsystems. Die Frequenz ν der Schwingung ist durch die Beziehung

$$\nu = \frac{1}{T} \qquad \text{(III, 2)}$$

definiert, wobei T der zeitliche Abstand zweier im gleichen Schwingungszustand befindlicher Punkte der Sinuskurve ist, also beispielsweise der

Abstand zweier benachbarter Maxima oder Minima oder zweier beliebiger Nulldurchgänge, die durch einen dazwischenliegenden getrennt sind. Mit anderen Worten ist die Frequenz demnach bestimmt als die Anzahl der „Schwingungen" pro Sekunde, wenn wir hier unter „Schwingung" denjenigen Teilverlauf der ganzen Oszillation verstehen, der sich zwischen einem Nulldurchgang und dem nächsten in gleicher Richtung verlaufenden abspielt.

Die Amplitude A ist definiert als Wert der Hüllkurve $Ae^{-\delta t}$ zum Zeitpunkt $t = 0$. Sie ist abhängig von der Stärke des Erregungsstoßes, durch den die Eigenschwingung hervorgerufen wird, und bildet daher die maßgebliche Größe für die Anfangsintensität der Resonanzschwingung.

Der Betrag der Abklingkonstanten δ hängt ab vom Grad der energetischen Dissipation des schwingenden Systems, d. h. von der Dämpfung: ist der Energieverlust groß, das System also stark gedämpft, dann wird die Schwingung sehr schnell abklingen, ist die Dämpfung dagegen klein, dann wird sich eine nur schwach gegen Null tendierende Oszillation ausbilden. δ kann aus dem Verhältnis zweier aufeinanderfolgender Maxima der Schwingung berechnet werden. Der genaue Zusammenhang lautet

$$\delta = \frac{1}{T} \ln \frac{q_1}{q_2} \qquad \text{(III, 3)}$$

wobei q_1 und q_2 zwei Maxima in der Reihenfolge ihres Auftretens sind. Wegen dieses Sachverhaltes nennt man das Produkt δT „logarithmisches Dekrement" und δ „Dämpfungskonstante".

Da der Erregungsstoß nur einen kleinen Teil des schwingungsfähigen Mediums *unmittelbar* in Schwingung versetzt und der Stoß sich in die übrigen Gebiete des Mediums mit endlicher Geschwindigkeit fortpflanzt, setzen die Oszillationen an den verschiedenen Raumpunkten nicht gleichzeitig ein, sondern um eine gewisse von Punkt zu Punkt wechselnde Zeitstrecke verzögert. Diese Verzögerung wird durch den Phasenwinkel α in der mathematischen Formulierung berücksichtigt. Bezeichnet man die Verzögerungszeit mit τ, so besteht zwischen α und τ die Beziehung

$$\alpha = 2\pi\nu\tau\ , \ \tau = \frac{\alpha}{2\pi\nu}\ , \ \frac{\tau}{T} = \frac{\alpha}{2\pi}. \qquad \text{(III, 4)}$$

Da bei der Fortpflanzung der Erregungsenergie im Medium außerdem energetische Verluste auftreten, wird sich im allgemeinen nicht nur der Zeitpunkt des Schwingungsbeginns von Ort zu Ort ändern, sondern auch die Amplitude A. Der Form nach werden sich jedoch die Schwingungen an jeder Stelle des Mediums gleichen, da Frequenz und Dämpfungskonstante sich unverändert an jedem Raumpunkte des Filters ausbilden, falls die geometrische Gestalt des Filters während der Wellenausbreitung erhalten bleibt.

Genauer hat man die Entstehung der Eigenschwingungen eines akustischen Filters folgendermaßen zu beschreiben. Vom Erregungspunkte aus pflanzt sich der Erregungsimpuls nach allen Seiten hin aus, bis er an die Grenzen des elastischen Mediums gelangt, d.h. in unserem Falle bis an die Wände und Öffnungen des Ansatzrohres. Von dort werden die Schallwellen nach Maßgabe der vorhandenen Grenzbedingungen reflektiert, im Medium weiter fortgepflanzt, bis sie wieder auf eine Wand oder Öffnung auftreffen; das Spiel der Reflexionen wiederholt sich so lange, bis die Energie des Erregungsstoßes restlos in Wärme umgewandelt oder abgestrahlt worden ist. Die reflektierten Wellenzüge überlagern sich alle zu einem äußerst komplexen Schwingungsgebilde, *welches sich in jedem Raumelement als Summe der Eigenschwingungen (additive Superposition) darstellen läßt.*

Man muß demnach streng unterscheiden zwischen den *zeitabhängigen* Eigenschwingungen an jedem Punkte innerhalb des akustischen Filters (diese unterscheiden sich im wesentlichen durch den entsprechenden Phasenwinkel) und den *ortsabhängigen* Amplitudenverteilungen im Filtermedium. Die Resonanzschwingungen sind *Zeitverläufe*, jeweils an einem bestimmten *Raumpunkte* betrachtet; die Amplitudenverteilungen können beschrieben werden als spezifische Schwingungszustände im Ansatzrohr zu einem bestimmten *Zeitpunkt.* Beide Funktionen bilden zusammen die zeit- und ortsabhängige Schallwelle, die sich im Medium ausbreitet und an verschiedenen Raumpunkten verschiedene Amplitudenwerte besitzt.

Ändert sich die geometrische Konfiguration des Filters, dann ändern sich die Frequenzen der Resonanzschwingungen und damit auch die Formen der räumlichen Verteilungen der Wellenamplituden.

Der Filterungsprozeß selbst ist das Resultat zweier Wirkungsprinzipien verschiedenen physikalischen Charakters. Das eine beruht auf den physikalischen Eigenschaften der elastischen Filtermaterie, des schwingenden Mediums. Die gegenseitigen Beziehungen dieser Eigenschaften sind in den Grundgleichungen elastischer Medien, für welche eine ausgedehnte physikalische Theorie besteht, zusammengefaßt. Für unser Problem sind folgende Tatsachen bedeutsam:

1. eine Störung des im Gleichgewicht ruhenden Mediums breitet sich mit konstanter Geschwindigkeit aus;

2. die Dämpfung des Mediums beeinflußt in bestimmter Weise die sich ausbreitende Störung;

3. zwei Störungen von der Größenordnung der Sprechschallamplituden überlagern sich additiv: das Medium kann in diesem Falle als lineares System angesehen werden.

Hieraus ergibt sich, daß von den vier oben genannten Parametern der Eigenschwingungen zwei, nämlich die Dämpfungskonstante δ und der Phasenwinkel α, durch die im Filtermedium sich auswirkenden Kräfte bestimmt werden. Die Amplitude A ist, wie wir bereits gesehen haben, von der Stärke des Erregungsstoßes abhängig. Die Frequenz ν dagegen resultiert aus dem zweiten Wirkungsprinzip des Filters.

Die allgemeine Theorie der elastischen Medien setzt ein unbegrenztes Materiefeld voraus. Ein Filter entsteht hieraus erst dann, wenn das Medium, im akustischen Falle also die Luft, durch *eine feste Umgrenzung wohldefinierte Randbedingungen* erhält. Die Summe dieser Randbedingungen ist der zweite der Kräftekomplexe, aus welchen die Filterwirkung resultiert. Beim Artikulationsfilter werden diese Randbedingungen durch die besondere geometrische Form und die Festigkeit der Ansatzrohrwände erzeugt; sie schreiben den Schwingungen der eingeschlossenen Luftsäule an den Wänden, an der Glottis und an der Mundöffnung bestimmte Schwingungswerte vor, welche die Arbeitsweise des Filters festlegen. Der Parameter, dessen Werte von den Randbedingungen und deren geometrischer Konfiguration, d. h. von der Gestalt des Ansatzrohres bestimmt werden, ist die Frequenz der Eigenschwingungen. Während jedoch das Auftreten von Eigenschwingungen überhaupt erst beim Vorhandensein von Randbedingungen möglich ist, hängt die Tatsache, daß exponentiell abklingende Sinoidaloszillationen entstehen, von den besonderen Eigenschaften des elastischen Mediums ab.

Zusammenfassend können wir sagen, daß ein akustisches Filter in erster Linie durch die Frequenzen seiner Eigenschwingungen definiert ist. Diese Frequenzen ν sind aber noch abhängig von der Dämpfung gemäß der Gleichung

$$2\pi\,\nu^2 = 2\pi\,\nu_0^2 - \delta^2. \qquad \text{(III, 5)}$$

Die Dämpfung wird hierbei durch die Abklingkonstante δ ausgedrückt. Man erkennt, daß die Frequenz ν der Eigenschwingungen um so kleiner wird, je größer die Dämpfung ist. Die in der Gleichung (III, 5) auftauchende Frequenz ν_0 ist dämpfungsunabhängig; man nennt ν_0 die *Resonanzfrequenz*. $\nu = \nu_0$ gilt dann, wenn $\delta = o$, d. h. wenn das betrachtete akustische System keine energetischen Dissipationen aufweist.

Die Eigenschaften eines Filters sind demnach eindeutig durch die Angabe der Resonanzfrequenzen und Abklingkonstanten festgelegt.

Um die Wirkung eines durch seine Resonanzfrequenzen bestimmten Filters auf einen beliebigen Schwingungsvorgang beschreiben zu können, verfährt man folgendermaßen. Jedes Filter besitzt einen Eingang und einen Ausgang. Im Falle des Ansatzrohres sind dies die Stimmlippen und die Mundlippen. Schickt man in den Eingang einen kurzzeitigen Impuls, dann erscheint am Ausgang als Ergebnis des Filterungsprozesses gemäß den obigen Ausführungen die komplexe Oszillation der sich überlagernden Resonanzschwingungen. Denkt man sich einen beliebigen Schwingungsvorgang in eine Summe von sehr dicht liegenden Impulsen zerlegt, so ergibt sich die gefilterte Schwingung als Überlagerung der von jedem dieser Impulse angeregten Eigenoszillationen.

Angenähert kann man nun den Phonationsschall selbst als eine Folge relativ kurzzeitiger Impulse ansehen (Abb. 21). So erscheint bei dieser Betrachtung der artikulierte Vokalschall demnach unmittelbar zusammengesetzt aus den Resonanzschwingungen des Artikulationsfilters.

Die Analyse nach freien Schwingungen ist der Kern der Hermannschen Theorie der Vokalartikulation.

b) Die Analyse nach erzwungenen Schwingungen

Unabhängig von den bisherigen Überlegungen läßt sich grundsätzlich folgendes Verfahren anwenden, um die akustischen Eigenschaften eines Filters zu beschreiben. Man wählt ein System genau definierter Testsignale aus und bestimmt die unterschiedlichen Qualitäten der Filter aus der Gesamtheit der Änderungen, die an diesen Signalen beim Durchlaufen eines Filters auftreten. Die Wirkung eines Filters auf ein beliebiges Eingangssignal erhält man dadurch, daß man es sich in die Testsignale zerlegt denkt; jedes der Testsignale wird durch das Filter modifiziert, und die Addition der modifizierten Testschwingungen liefert das gefilterte Ausgangssignal.

Betrachtet man unter dem Gesichtspunkt dieser allgemeinen Methode die Filteranalyse nach freien Schwingungen, so erkennt man, daß die Klasse der Testsignale in diesem Falle aus einem einzigen impulsartigen Schwingungsstoß besteht; denn um die Eigenschwingungen eines Filters anzuregen, genügt ein kurzer Schallimpuls. Als Eingangssignal wird er durch das Filter geformt und erscheint am Filterausgang als Summe der freien Schwingungen. Bei dieser Analyse wird ein Filter demnach durch die Resonanzfrequenzen und die zugehörigen Dämpfungskonstanten charakterisiert.

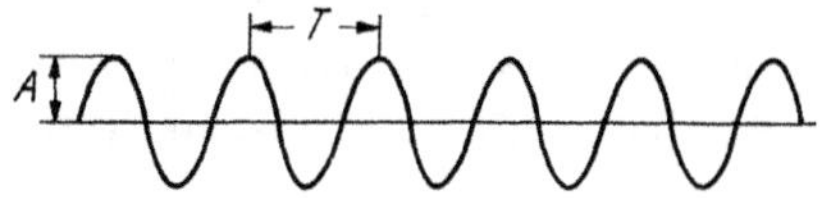

Abb. 23. Verlauf einer Sinoidalschwingung; A: Schwingungsamplitude, T: Schwingungsperiode, $\nu = \frac{1}{T}$: Frequenz der Schwingung

Die Filteranalyse nach *erzwungenen Schwingungen* setzt im Gegensatz hierzu als Testsignale Sinoidalschwingungen fest[1]. Eine Sinoidalschwingung ist eindeutig durch ihre Frequenz und Amplitude bestimmt (Abb. 23); mathematisch ist sie als zeitlich unbegrenzt definiert, eine Eigenschaft, die bei Messungen durch hinreichend lang andauernde Sinoidalsignale angenähert wird.

[1] Sinoidalschwingungen haben die Form von Sinus- oder Cosinusfunktionen, ohne daß jedoch ihre Lage bezüglich des Zeitnullpunkts festgelegt ist. Der Terminus umfaßt demnach alle Funktionen, die durch eine beliebige zeitliche Verschiebung aus einer Sinusfunktion hervorgehen.

Schickt man ein solches Sinoidalsignal in ein Filter, so wird am Ausgang eine Sinoidalschwingung derselben Frequenz erscheinen, deren Amplitude jedoch gegenüber dem Eingangssignal verkleinert oder vergrößert ist. Der Verlauf der Ausgangsamplituden in Abhängigkeit von der *Frequenz des Eingangssignals* weist an gewissen Stellen der Frequenzskala erhebliche Vergrößerungen der Amplituden gegenüber den benachbarten Frequenzgebieten auf (Abb. 24), *und zwar zeigen sich die Maxima gerade an den Stellen, wo die Resonanzfrequenzen der freien Schwingungen liegen.*

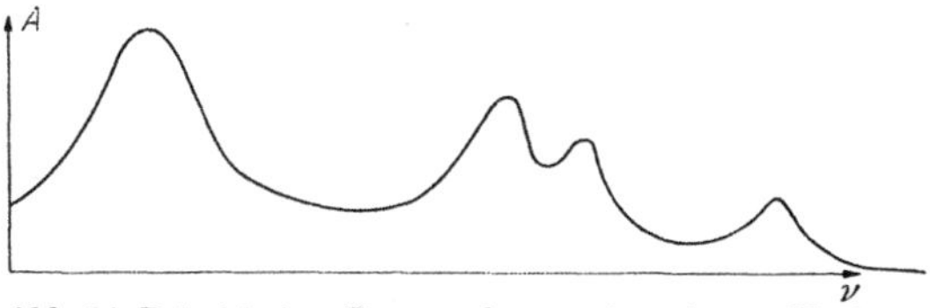

Abb. 24. Beispiel einer Resonanzkurve mit mehreren Maxima. (Siehe hierzu auch die gemessenen Frequenzcharakteristiken S. 66ff.)

Die Amplitude am Eingang des Filters werde mit A_1 und die Amplitude am Ausgang des Filters mit A_2 bezeichnet. Nach den obigen Ausführungen ist das Amplitudenverhältnis $g = A_2/A_1$ frequenzabhängig: $g = g(\nu)$. Die Kurve $g(\nu)$ nennt man, falls A_1 für alle Frequenzen konstant gehalten wird, die *Frequenzcharakteristik* des Filters; sie hat beispielsweise den Verlauf der Abb. 24. In der Umgebung der Resonanzfrequenzen des Filters entstehen mehr oder weniger breite Durchlaßbereiche für die entsprechenden Sinoidalschwingungen. Zwischen ihnen liegen die Dämpfungsbereiche.

Die Filteranalyse nach erzwungenen Sinoidalschwingungen besitzt ihr mathematisches Ausdrucksmittel in der Fourierzerlegung periodischer Funktionen und in den Sätzen der Fouriertransformation. Es seien hier die wesentlichen Tatbestände aufgeführt.

Ein periodischer Schwingungsverlauf $s(t)$ mit der Periodendauer T_0, der zunächst als zeitlich unbegrenzt gedacht sei, kann in folgender Weise, wie von FOURIER zuerst bewiesen wurde, in Sinusfunktionen zerlegt werden:

$$\begin{aligned} s(t) &= C_0 + C_1 \sin(2\pi\nu_0 t + \alpha_1) + C_2 \sin(2 \cdot 2\pi\nu_0 t + \alpha_2) + \cdots \\ &= \sum_{n=0}^{\infty} C_n \sin(n\,\omega_0\, t + \alpha_n) \quad ; \qquad \omega_0 = 2\pi\,\nu_0 = 2\pi\,\frac{1}{T_0}. \end{aligned} \qquad \text{(III, 6)}$$

Die Summe der Sinusfunktionen besitzt je nach der Form der Funktion $s(t)$ endlich oder unendlich viele Glieder. Jede Sinusschwingung ist durch zwei Daten gekennzeichnet, durch die Amplitude C_n und den Phasenwinkel α_n. Besitzt die Fourierentwicklung beispielsweise N Glieder, dann ist die Funktion $s(t)$ demnach durch $2N$ Werte (N Amplitudenwerte und N Werte des Phasenwinkels) eindeutig bestimmt. Bei unendlich vielen Entwicklungsgliedern läßt sich zwar keine derartige Angabe machen, dafür kann man aber in vielen Fällen allgemeine Formeln angeben, aus denen beliebig viele Amplituden- und Phasenwinkelwerte berechnet werden können.

Häufig wird die Zerlegung (III, 5) durch eine andere ersetzt, in welcher Sinus- und Cosinusfunktionen als Entwicklungsglieder auftreten:

$$\begin{aligned} s(t) &= A_0 + A_1 \cos \omega_0 t + A_2 \cos 2\, \omega_0 t + \cdots \\ &\quad + B_1 \sin \omega_0 t + B_2 \sin 2\, \omega_0 t + \cdots \\ &= \sum_{n=0}^{\infty} (A_n \cos n\, \omega_0 t + B_n \sin n\, \omega_0 t). \end{aligned} \tag{III, 7}$$

Bei dieser Fourierreihe sind die Phasenverschiebungen sämtlich Null; dafür treten aber zwei Reihen Amplitudenwert ein Erscheinung, die mittels der Äquivalenzen

$$A_n^2 + B_n^2 = C_n^2 \quad , \quad \frac{A_n}{B_n} = tg\, a_n \tag{III, 8}$$

in die Werte C_n und a_n der ersten Zerlegung (III, 5) übergeführt werden können. Die Amplituden A_n und B_n berechnen sich aus der Funktion $s(t)$ durch die Integrale

$$\begin{aligned} A_0 &= \frac{1}{T_0} \int_0^{T_0} s(t)\, dt \quad , \quad A_n = \frac{2}{T} \int_0^{T_0} s(t) \cos n\omega_0 t\, dt \\ B_n &= \frac{2}{T} \int_0^{T_0} s(t) \sin n\omega_0 t\, dt. \end{aligned} \tag{III, 9}$$

Voraussetzungsgemäß ist $s(t)$ eine periodische Funktion. Wir bezeichneten ihre Periodendauer mit T_0 und die zugehörige Frequenz mit $\nu_0 = 1/T_0$. Dieses ν_0 ist mit der Frequenz des ersten nichtkonstanten Entwicklungsgliedes der Fourierreihen identisch, und alle anderen Frequenzen leiten sich aus dieser Grundfrequenz durch Multiplikation mit einer ganzen Zahl, der Ordnungszahl des entsprechenden Entwicklungsgliedes, ab. Das bedeutet, daß die Differenz der Frequenzen zweier beliebiger benachbarter Glieder $(n + 1)\, \nu_0$ und $n\, \nu_0$ gleich der Grundfrequenz ν_0 ist:

$$(n + 1)\, \nu_0 - n\, \nu_0 = \nu_0. \tag{III, 10}$$

Sinoidalschwingungen, deren Frequenzen wie in einer Fourierreihe in einem ganzzahligen Verhältnis zueinander stehen, nennt man „harmonische" Schwingungen; auch das Frequenzverhältnis selbst nennt man „harmonisch". Die Entwicklungsglieder der Fourierzerlegung heißen „Obertöne" oder „Harmonische" von $s(t)$.

Nun gibt es in der Wirklichkeit keine unbegrenzte Zeit andauernden periodischen Schwingungen $s(t)$. Es muß daher das Problem gelöst werden, inwieweit man die Fourierzerlegung auf im strengen Sinne nichtperiodische Schwingungsverläufe anwenden kann.

Zur Lösung dieses Problems muß zunächst der Begriff des *Fourierspektrums* erläutert werden. „Spektrum" nennt man die Gesamtheit der Daten, die zur eindeutigen Bestimmung einer Fourierentwicklung notwendig sind. Das sind also entweder die C_n und a_n oder die A_n und B_n. Zu jeder Frequenz $n \cdot \nu_0$ $(n = 1, 2, 3, \ldots)$ gehört ein Paar solcher Werte (Abb. 25). Wie man aus der graphischen Darstellung unmittelbar erkennt, nehmen diese Frequenzkurven nur an diskreten Punkten, eben bei den Frequenzen $n \cdot \nu_0$, einen von Null verschiedenen Wert an. Daher spricht man in allen diesen Fällen, immer also wenn es sich um Zerlegungen in Fourierreihen handelt, von einem *diskreten Spektrum*: jede strengperiodische Schwingung besitzt ein diskretes Fourierspektrum. Umgekehrt wird man, wenn ein diskretes Spektrum vorliegt, auf eine periodische Zeitfunktion $s(t)$ schließen können.

Wie wir bereits festgestellt haben, ist der Frequenzabstand zweier benachbarter Entwicklungsglieder der Fourierreihe gleich der Grundfrequenz ν_0. Die einzelnen Werte des diskreten Spektrums werden daher einander um so näher liegen, je tiefer die Grundfrequenz ν_0 oder, was das gleiche bedeutet, je länger die Periode T_0 der analysierten Schwingung $s(t)$ ist. Erniedrigt man die Grundfrequenz immer mehr, bis sie schließlich gleich Null ist, so geht für diesen Grenzfall $\nu_0 = 0$ das diskrete Spektrum in ein *kontinuierliches* über. Ein kontinuierliches Spektrum unterscheidet sich dadurch von einem diskreten, daß sein Verlauf nicht nur für einzelne äquidistante Punkte der Frequenzskala einen Wert aufweist, sondern eine kontinuierliche Kurve darstellt, die für jede beliebige Frequenz einen Funktionswert besitzt.

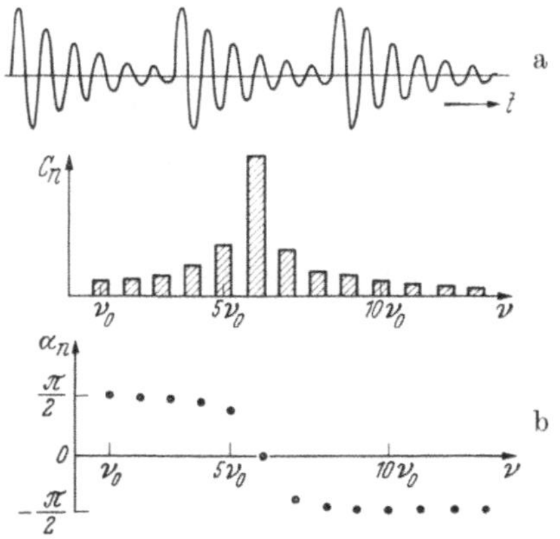

Abb. 25. Die C_n- und a_n-Werte einer periodisch wiederholten, exponentiell abklingenden Sinusschwingung als Beispiel für eine Fourierspektrum. (oben der zeitliche Schwingungsverlauf, unten die Spektren)

Einer Grundfrequenz $\nu_0 = 0$ entspricht aber eine unendlich lange Periode $T_0 = \infty$, d. h. die Schwingung $s(t)$ ist in diesem Falle nicht mehr periodisch. Hieraus läßt sich der allgemeine Satz ableiten: *zu jedem nicht-periodischen Schwingungsvorgang gehört ein kontinuierliches Fourierspektrum.* Mathematisch erhält man ein kontinuierliches Spektrum nicht mehr aus einer Fourierreihe, sondern aus einem Fourierintegral[1].

Nach diesen Ausführungen erkennt man, daß die oben definierte Frequenzcharakteristik nichts anderes ist als ein kontinuierliches Amplitudenspektrum, und es erhebt sich die Frage, welchem Signal s(t) dieses Spektrum zugehört. Die Antwort auf diese Frage weist zugleich den Zusammenhang zwischen den beiden Filteranalysen nach freien und erzwungenen Schwingungen auf. Wie man nämlich ableiten kann, *ist die oben definierte Frequenzcharakteristik das normierte, kontinuierliche Fourierspektrum der am Ausgang des akustischen Filters sich überlagernden Eigenschwingungen.*

Während bei den freien Schwingungen die Dämpfungskonstante δ für die Größe der Dämpfung im Medium maßgebend ist, wird im Fourierspektrum das Maß der Dämpfung durch die Breite der Durchlaßbereiche, d. h. der Formantgebiete gekennzeichnet. Zwischen der Abklingkonstante δ und der Bandbreite des Formantgebietes besteht ein mathematisch eindeutig formulierbarer Zusammenhang, und zwar ist die Breite einer spektralen Energiekonzentration B_n so definiert, daß gilt

$$B_n = \frac{\delta_n}{\pi} \qquad \text{(III, 11)}$$

wobei δ_n die zugehörige Dämpfungskonstante ist.

---

[1] Literatur zur Fouriertransformation: CARSLAW, CHURCHILL, MADELUNG, POL/BREMER.

3. Die näheren Voraussetzungen der Untersuchung

Die in diesem Abschnitt darzulegenden Voraussetzungen der Untersuchung stellen weitere Einschränkungen des Untersuchungsfeldes dar. Wir gehen dabei von dem Gesichtspunkt aus, daß unsere Hauptaufgabe darin besteht, die *sprachlich relevanten Züge des Artikulationsmechanismus* zu erklären.

In dieser Hinsicht ist die Erkenntnis bedeutsam, daß artikulatorisch nur die drei untersten Formantfrequenzen willkürlich und unabhängig voneinander variiert werden können; sie allein sind daher auch phonologisch relevant. Die höheren Resonanzfrequenzen, die Breite der Formantgebiete und die Intensitätsverhältnisse der Formanten stellen sich, bedingt durch die individuellen anatomischen Proportionen des Ansatzrohres, unwillkürlich und automatisch ein. Man kann daher vermuten, daß diese Parameter in der diagnostischen Sphäre bedeutsam sind.

Da also näherungsweise alle phonologisch relevante Information durch die drei untersten Resonanzfrequenzen übermittelt wird, und Dämpfungsbreite und höhere Formanten keine bedeutungsdifferenzierenden Merkmale sind, berechnen wir die Resonanzfrequenzen am *verlustfrei gedachten Ansatzrohr*. Die dadurch hervorgerufenen Fehler sind im vorliegenden Falle klein und können bei bekannter Dämpfung leicht korrigiert werden.

Weiterhin können wir uns aus den genannten Gründen auf einen Frequenzbereich bis 5 KHz beschränken. Dies ist ungefähr der Bereich, den die drei untersten Formantfrequenzen aller Vokale überstreichen. Gemäß der Beziehung

$$\lambda \cdot \nu = c \qquad \text{(III, 12)}$$

(ν: Frequenz; λ: Wellenlänge; c: Schallgeschwindigkeit) entspricht einer Frequenz von 5 kHz eine Wellenlänge von 7 cm. In dem oberhalb 7 cm gelegenen Wellenlängenbereich, d. h. bei Frequenzen unterhalb 5 kHz, kann man, da diese Wellenlängen groß sind gegenüber dem maximalen Querschnittsdurchmesser, das Ansatzrohr

a) *aus seiner in natürlicher Lage geknickten Gestalt strecken*, und

b) *seine entlang der Achse veränderten Querschnitte als kreisförmig ansehen*, ohne an seinem physikalischen Verhalten etwas zu ändern.

Bei Wellenlängen größer oder gleich 7 cm können die Schallwellen im Ansatzrohr als räumlich eindimensional, veränderlich nur längs der Rohrachse (z-Koordinate) angesehen werden. Bei allgemeineren Voraussetzungen müßte man Radialwellen berücksichtigen, die in einer zur Achse senkrecht stehenden Koordinate verlaufen. Für einfache kreiszylindrische

Rohre ist die Grenzfrequenz ν_{gr}, oberhalb welcher man mit solchen Radialwellen zu rechnen hat, durch die Beziehung

$$\nu_{gr} = 0{,}293 \frac{c}{R} \tag{III, 13}$$

(c: Schallgeschwindigkeit; R: Radius) festgelegt. Als erste Näherung kann man diese Formel auch den Schwingungsverhältnissen in nichtzylindrischen Rohren zugrunde legen. Setzen wir $R = 2$ cm (maximaler Radius des Ansatzrohres) so erhalten wir $\nu_{gr} \approx 5000$ Hz. Unterhalb dieser Frequenz bilden sich im Ansatzrohr keine Radialwellen aus, und wir können sowohl Schalldruck als auch Schallschnelle als *Funktion einer einzigen axialen Koordinate* z ansehen. Die Grenzfrequenz von 5 KHz reicht vollkommen aus, um die phonologisch relevanten Eigenschaften der Vokale zu erfassen.

Die modernen Analysen akustischer Filter verwenden meistens die mathematischen Hilfsmittel der Theorie elektrischer Vierpole[1]. Hierbei wird das akustische System zunächst in zylindrische Segmente zerlegt und dann mit Hilfe tabellierter Korrespondenzen (z. B. Mason) in ein elektrisches Ersatzschaltbild übergeführt und berechnet. Der Übergang vom akustischen ins elektrische Gebiet, bei dem der Begriff des „Widerstandes" die wesentliche Rolle spielt, bietet den Vorteil, daß man die mathematisch einfachen und eleganten Methoden der Vierpoltheorie zur Berechnung anwenden kann. Nachteilig wirkt sich die Aufspaltung in akustische Teilelemente aus, weil dadurch nur eine angenäherte Berechnung möglich ist.

Im Gegensatz zu dieser Methode geht die vorliegende Untersuchung von der allgemeinsten akustisch-mathematischen Beschreibung des Problems aus und erfaßt das Ansatzrohr mathematisch in seiner ganzen, ungeteilten Gestalt. Physikalische und linguistische Aspekte vereinfachen den Rechnungsgang.

An Stelle der linearen, algebraischen Gleichungssysteme älterer und neuerer Untersuchungen, die das Artikulationsorgan durch ein System zweier gekoppelter Helmholtzresonatoren ersetzten, das Ansatzrohr in vier zylindrische Teilsegmente zerlegten (Dunn) oder mit einem Aggregat von 32 zylindrischen Rohrstücken approximierten (Stevens et al.), tritt jetzt eine *Differentialgleichung*, deren Lösungen und Eigenschaften den Artikulationsmechanismus als akustisches Phänomen erklären.

In Hinsicht auf die genannten Voraussetzungen beschreiben wir nun noch einmal die mathematisch zu erfassenden Vorgänge im Artikulationsorgan.

---

[1] „In the mathematical treatment of the transmission properties of the vocal tract it has been found convenient to utilize the techniques and concepts developped for network analysis." Jakobson, Fant, Halle (p. 17).

Durch irgendeine impulsartige Erregung, z. B. durch einen Stoß an die Wangen, beginnt die im Ansatzrohr eingeschlossene Luftsäule zu schwingen. Da wir jede Art energetischer Dissipation vernachlässigen (Reibungsverluste an den Wänden, innere Reibungsdämpfung der oszillierenden Luftmassen, Verluste durch Energieabstrahlung an der Mundöffnung beim Sprechen, usw.), würde die einmal angeregte Schwingung unendlich lange Zeit andauern. Theorie und Experiment lehren, daß das Luftvolumen nur Schwingungen spezifischer, durch die Gestalt des Ansatzrohres bedingter Frequenzen fähig ist. Weiter wird in der mathematisch-akustischen Theorie bewiesen, daß jedes akustische Filter *unendlich viele* Eigenresonanzen besitzt, die jedoch wegen der Quantennatur der Materie und der immer vorhandenen Dämpfung nicht alle realisiert werden können. Für unsere Zwecke genügt die Tatsache, daß jedenfalls viele Eigenresonanzen beobachtbar sind.

Die in jedem Volumelement auftretenden Eigenschwingungen erzeugen – wie wir bereits gesehen haben – in ihrem Zusammenwirken zu jedem Zeitpunkt eine räumliche Energieverteilung. In unserem verlustfrei gedachten Artikulationsmodell zeigen die sich ausbildenden Wellen die besondere Form von „stehenden Wellen". Stehende Wellen sind durch im Raume festliegende, vibrationsfreie Gebiete, die sogenannten „Knotenflächen" („Knotenlinien" und „Knotenpunkte" bei zwei- bzw. eindimensionalen Verteilungen), charakterisiert.

Nur in dissipationsfreien Medien bilden sich ohne Energiezufuhr solche „stehenden Wellen" aus. Soll jedoch Energie zu einem Verbraucher transportiert werden, was für die Vorgänge im Filter ein Energieverlust bedeutet, fließt also Energie in konstanter Richtung von einem Volumelement zum andern, dann liegen die Knotenflächen nicht mehr fest, sondern bewegen sich in Richtung des Energietransports: es entstehen „laufende Wellen". Solche laufenden Wellen müssen dann berücksichtigt werden, wenn in die Untersuchung zusätzlich die Schallabstrahlung an den Lippen einbezogen wird.

Nach den obigen Ausführungen ist es erforderlich, das Verhalten der Wellen an den Grenzen des Filtermediums mathematisch zu erfassen. Da wir die Schwingungsverläufe im Ansatzrohr für den uns interessierenden Frequenzbereich als eindimensionale Vorgänge ansehen können, genügt es, das Verhalten der Schwingungen an der Glottis und an den Mundlippen anzugeben. Da wir außerdem Verluste vernachlässigen, idealisieren wir die Grenzbedingungen durch die Annahme, daß

a) an der Mundöffnung der Schalldruck gleich Null ist, bzw. die Schallschnelle ein Maximum besitzt, und daß

b) an der Glottis die Schnelle gleich Null ist, bzw. der Druck ein Maximum besitzt.

Dies bedeutet, daß das Ansatzrohr als am glottalen Ende schallhart, am labialen Ende schallweich abgeschlossen angesehen wird. Ähnliche Randbedingungen werden bei der Berechnung von Blasinstrumenten und Orgelpfeifen angesetzt, wobei man sich den wirklichen Verhältnissen nachträglich durch eine Korrektur annähert.

4. Die Genauigkeitskriterien der Messungen

Da wir die Schallverläufe der Vokale nicht nur von einem physikalischen Standpunkt aus betrachten, sondern sie als potentielles Substrat sprachlicher Zeichen ansehen, entnehmen wir die Genauigkeitskriterien der Messungen vokalischen Allophonklassen, welche definitionsgemäß die Vokale gleicher bedeutungsdifferenzierender Funktion zusammenfassen[1]. Wir haben in den vorhergehenden Kapiteln ausführlich erläutert, daß die Vokale akustisch in erster Linie durch die Lage ihrer spektralen Energiekonzentrationen, der Formanten, charakterisiert sind. Demgemäß lassen sich die Allophonklassen der Vokale durch Frequenzbereiche der Formanten bestimmen[2].

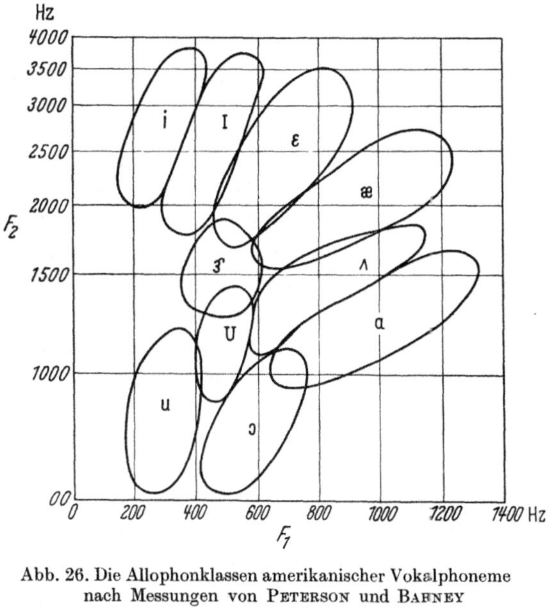

Abb. 26. Die Allophonklassen amerikanischer Vokalphoneme nach Messungen von PETERSON und BARNEY

Für die ersten drei Formantfrequenzen der amerikanischen Vokale haben POTTER und STEINBERG sowie PETERSON und BARNEY die Allophonklassen experimentell festgestellt. Ihre Ergebnisse legen wir unserer Untersuchung zugrunde; sie sind auf Abb. 26 dargestellt. Wir entnehmen hieraus folgende durchschnittliche Formantfrequenzstreubereiche innerhalb der Allophonklassen:

1. Formant: $\pm$ 100 Hz
2. Formant: $\pm$ 250 Hz
3. Formant: $\pm$ 350 Hz

---

[1] Siehe hierzu BLOCH/TRAGER und HOCKETT.

[2] Die graphischen Darstellungen dieser Frequenzbereiche nennt man „Formantkarten“.

Bei mittleren Formantfrequenzen von 500 Hz (F_1), 1500 Hz (F_2) und 2500 Hz (F_3) berechnet man die relativen Schwankungen zu

$$F_1: 100/500 = 0{,}20 \ldots 20\%$$
$$F_2: 250/1500 = 0{,}16 \ldots 16\%$$
$$F_2: 350/2500 = 0{,}14 \ldots 14\%$$

Berücksichtigt man die ganze Breite der Valenzklassen, dann erhält man die doppelten Werte:

$$F_1 \ldots 40\%$$
$$F_2 \ldots 32\%$$
$$F_2 \ldots 28\%$$

Diese Streubereiche nehmen wir der Größenordnung nach als zulässige Toleranzen für die Berechnung der Formantfrequenzen aus der Webster*schen Horngleichung.*

5. Die Observablen des Schallfeldes

Es wurde bereits davon gesprochen, daß sich die Bewegungen der schwingenden Luftsäule an mehreren physikalischen Größen beobachten lassen. Von ihnen sind der *Schalldruck* und die *Schallschnelle* die bekanntesten und gebräuchlichsten Größen zur Beschreibung des Schallfeldes. Um seine physikalischen Gesetzmäßigkeiten verstehen zu können, müssen wir jedoch die *Dichte* und die *Verschiebung der Luftmassen aus der Ruhelage* hinzufügen. Weiterhin müssen wir die *energetischen Verhältnisse* berücksichtigen und den Begriff der *Intensität* definieren. Schließlich erscheint es zweckmäßig, den Begriff des *akustischen Widerstandes* zu streifen.

Wenn wir im folgenden diese Größen und ihren Zusammenhang näher betrachten, so denken wir uns das elastische Medium von seinen Randbedingungen befreit. Im allgemeinsten Falle müßten wir uns daher mit dem nach allen Richtungen sich ins Unendliche erstreckenden Luftraum beschäftigen. Das würde aber eine Beschreibung in drei Ortskoordinaten notwendig machen. Um die Ausführungen nicht unnötig zu erschweren, wenden wir uns sogleich räumlich eindimensionalen Vorgängen zu, indem wir eine in einem Rohr eingeschlossene Luftsäule unseren Betrachtungen zugrunde legen. Da wir keinerlei Randbedingungen festsetzen, stellen wir uns das Rohr nach beiden Seiten hin unbegrenzt vor.

Im Ruhezustand besitzt die Luft eine konstante Dichte ϱ_0, die von der Temperatur T und dem herrschenden Luftdruck p_0 abhängt. Für die Standardwerte

$T = 20^0$ C, $p_0 = 760$ mm Quecksilbersäule $= 1$ Torr $= 1033{,}2$ g/cm^2

erhält man die Luftdichte

$$\varrho_0 = 1{,}21 \; 10^{-3} \text{ g/cm}^3.$$

In der ruhenden Luftsäule entstehen Schallschwingungen erst dann, wenn das Kräftegleichgewicht, das sich zwischen p_0 und dem Expansionsdruck der Luft eingestellt hat, von außen gestört wird. Dies geschieht dadurch, daß ein äußerer Druck an irgendeiner Stelle das betrachtete Luftvolumen weiter verdichtet oder verdünnt. Dieser äußere Druck pflanzt sich im elastischen Medium fort und bewirkt auf diese Weise auch an vom Erregungszentrum entfernteren Punkten eine Verdichtung oder Verdünnung der Luft.

Bezeichnen wir den zeitabhängigen äußeren Stördruck, der das Schallfeld hervorruft mit $p(t)$, so haben wir einen Gesamtdruck

$$p_{ges} = p_0 + p(t) \qquad \text{(III, 14)}$$

und entsprechend eine Gesamtdichte

$$\varrho_{ges} = \varrho_0 + \varrho(t). \qquad \text{(III, 15)}$$

Da uns jedoch lediglich die Schallschwingungen interessieren, werden wir künftig nur den zeitabhängigen Anteil $p(t)$ des Gesamtdrucks ins Auge fassen. $p(t)$ ist diejenige Größe, die wir als Schalldruck bezeichnen; ihm entspricht die Dichteänderung $\varrho(t)$.

Daß sich an einer Stelle der Luftsäule die Dichte unter dem Einfluß eines Schalldrucks ändert, bedeutet im Falle einer Verdichtung, daß die dort befindliche Luftmasse auf einen kleineren Raum zusammengedrängt wird oder – was denselben Sachverhalt beschreibt – daß in das gleiche Luftvolumen zusätzlich Luftmasse hineingeschoben wird. Wie man es auch betrachtet, beidemale wird Luftmasse aus der Ruhelage verschoben. Wir symbolisieren diese zeitabhängige Verschiebung oder Auslenkung mit $a(t)$.

Viel wichtiger als die Verschiebung der Luftmasse selbst ist die Geschwindigkeit $s(t)$, mit welcher die Luftmassen sich bewegen. Man erhält diese Größe durch Differentiation von $a(t)$:

$$s(t) = \frac{d\,a(t)}{dt} \qquad \text{(III, 16)}$$

d. h. $s(t)$ ist die momentane Änderung der Auslenkung $a(t)$ pro Zeiteinheit und hat demnach die Dimension [cm/sec]. Dieses durch (III, 16) definierte $s(t)$ nennt man die *Schallschnelle*. Sie ist von der Schallgeschwindigkeit c streng zu unterscheiden. Die Schallschnelle ist die Geschwindigkeit, mit der die Luftmassen oszillieren; die Schallgeschwindigkeit bezieht sich dagegen auf die Fortpflanzung der Schallenergie im schwingenden Medium. Unter den obigen Standardbedingungen beträgt die Schallgeschwindigkeit $c = 3{,}44 \cdot 10^4$ cm/sec.

Der äußere Druck, der die Schallschwingungen auslöst, leistet längs des Weges $a(t)$ gegen die Expansionskraft der Luft Arbeit. Wird die Luft komprimiert, so wächst diese Expansionskraft und damit das in der verdichteten Luftmasse steckende Vermögen, Arbeit zu leisten: es baut sich ein Zentrum potentieller Energie auf, das sich nach allen Richtungen, in denen ein Druckgefälle vorhanden ist, in Bewegungsenergie umsetzt. Auf diese Weise pflanzt sich die Energie, die durch die anregende Kraft in das elastische Medium eingeführt wurde, im Medium weiter fort, wobei sich das Spiel wechselnder Umsetzung von potentieller und kinetischer Energie unablässig wiederholt.

Die physikalische Dimension der Energie ist [Kraft · Weg]. Um den „Energiefluß", der sich im elastischen Medium ausbreitet, beschreiben zu können, führt man den Begriff der *Schallintensität* I ein. I ist definiert als die Energie, die pro Zeiteinheit die Flächeneinheit durchströmt; sie besitzt demnach die Dimension [Energie/Zeit · Fläche]. Multipliziert man den Schalldruck $p(t)$ mit der Schallschnelle $s(t)$, so erkennt man, daß dieses Produkt und die Schallintensität in den gleichen physikalischen Einheiten gemessen werden ($s(t) \cdot p(t) \rightarrow$ [Weg/Zeit] · [Kraft/Fläche] = [Energie/Zeit · Fläche]). Es gilt daher

$$I(t) = p(t)\, s(t). \qquad \text{(III, 17)}$$

Wie man experimentell nachweisen kann, ist der Betrag der Schallschnelle dem Schalldruck direkt proportional:

$$p(t) = R \cdot s(t). \qquad \text{(III, 18)}$$

Den Proportionalitätsfaktor R nennt man den „akustischen Widerstand" des betrachteten Mediums[1]. Er ist die Größe, welche die materiellen Eigenschaften des elastischen Mediums beschreibt; R ändert daher seinen Wert für verschiedene Medien. Er ist ferner ein Maß für den Widerstand, den die elastische Materie dem auf sie wirkenden Druck entgegensetzt. Da, wie wir im nächsten Abschnitt besprechen werden, die Schallschnelle außerdem noch vom Rohrquerschnitt abhängt, wird der Widerstand bei räumlich eindimensionalen Problemen nicht mit der Schallschnelle $s(t)$, sondern mit dem „Schnellefluß" oder „Geschwindigkeitsfluß" $v(t)$ gebildet, nämlich

$$R = \frac{p(t)}{v(t)} \qquad \text{(III, 19)}$$

wobei der Geschwindigkeitsfluß durch $v(t) = \sigma \cdot s(t)$ definiert ist (σ = Rohrquerschnitt).

6. Die Grundgleichungen des Schallfeldes

Nachdem wir die physikalischen Größen des Schallfeldes bestimmt haben, müssen wir jetzt die Gesetze beschreiben, nach welchen diese Größen miteinander verknüpft sind. Wie bereits erörtert, ist jede der

[1] Eine genauere Betrachtung hätte drei Gattungen akustischer Widerstände zu berücksichtigen. Siehe hierzu Morse.

eingeführten Observablen eine Funktion der Zeit t und einer Ortskoordinate z. Die z-Koordinate ist im allgemeinen mit der Rohrachse identisch.

Um die Gesetzmäßigkeiten des Schallfeldes zu formulieren, stehen zwei Möglichkeiten zur Verfügung. Entweder beschreibt man den Zusammenhang der Schallfeldgrößen in jedem Raumpunkt und zu jedem Zeitmoment, oder man erfaßt ihr Gesamtverhalten in dem ganzen betrachteten Raumstück und Zeitintervall. Im ersten Falle gelangt man zu Differentialgleichungen, im zweiten Falle zu Integralgleichungen. Die gesuchten Observablenfunktionen $p(z, t)$, $s(z, t)$ usw. erhält man als Lösungen dieser Gleichungen.

Die Gesetze des Schallfeldes werden im allgemeinen als Differentialgleichungen formuliert, und zwar unterscheidet man drei Grundgleichungen: *die Zustandsgleichung, die Kontinuitätsgleichung und die Newtonsche Bewegungsgleichung.*

a) Die Zustandsgleichung

Sie ist die einfachste unter den Schallfeldgleichungen und erfaßt, ohne Differentialquotienten verwenden zu müssen, den Zusammenhang zwischen dem Schalldruck $p(z, t)$ und der Luftdichte $\varrho(z, t)$:

$$p(z, t) = c^2 \varrho(z, t) \qquad \text{(III, 20)}$$

d. h. der Schalldruck ist der veränderlichen Dichte des Mediums direkt proportional (c: Schallgeschwindigkeit). Diese Gleichung läßt sich aus dem thermodynamischen Verhalten des Luftgases ableiten und gilt nur für sehr kleine Amplituden der Schallschwingungen, eine Voraussetzung, die beim Sprechschall immer erfüllt ist.

b) Die Kontinuitätsgleichung

Um den physikalischen Gehalt der Kontinuitätsgleichung darzulegen, betrachtet man am geeignetsten ein „unendlich kleines" Raumstück des Schallfeldes. Ändert sich die Dichte der darin befindlichen Gasmenge, so kann dies nur dadurch geschehen, daß zusätzlich Gas einströmt oder Gas austritt. Da keine Gasmasse neu entsteht oder vernichtet wird, ist die Dichteänderung der Differenz des in das betrachtete Elementarvolumen ein- und ausströmenden Gases direkt proportional. Bei einer Verdichtung fließt in das Elementarvolumen mehr Gas hinein als heraus, bei einer Verdünnung strömt mehr Gas heraus als hinein. Die mathematische Formulierung dieses einfachen Sachverhaltes ergibt eine Beziehung zwischen der Schallschnelle $s(z, t)$ und der Dichte $\varrho(z, t)$:

$$\frac{\partial s(z,t)}{\partial z} = -\frac{1}{\varrho_0} \frac{\partial \varrho(z,t)}{\partial t}. \qquad \text{(III, 21)}$$

Integriert man diese Differentialgleichung nach der Zeit t, so erhält man eine zweite Form der Kontinuitätsgleichung, die die Auslenkung $a(z, t)$ mit der Dichteänderung $\varrho(z, t)$ verknüpft:

$$\frac{\partial a(z,t)}{\partial z} = -\frac{\varrho(z,t)}{\varrho_0}. \tag{III, 22}$$

c) Die Newtonsche Bewegungsgleichung

In Worten lautet die Bewegungsgleichung: Kraft ist gleich Masse mal Beschleunigung. Da wir es im Schallfeld mit der flächenbezogenen Größe des Drucks mit der Dimension [Kraft/Fläche] und der volumbezogenen Größe der Dichte mit der Dimension [Masse/Volumen] zu tun haben, ergeben sich für die Bewegungsgleichung mathematisch die Ausdrücke

$$-\frac{\partial p}{\partial z} = \varrho_0 \frac{\partial^2 a}{\partial t^2} \quad \text{und} \quad -\frac{\partial p}{\partial z} = \varrho_0 \frac{\partial s}{\partial t}. \tag{III, 23}$$

In jeder der drei Grundgleichungen treten zwei der vier Hauptobservablen (Druck p, Schnelle s, Auslenkung a, Dichte ϱ) auf. Durch Kombination der Grundgleichungen läßt sich nun für jede der Schallfeldgrößen eine gleichartige Differentialgleichung, die sog. *Wellengleichung* ableiten. Sie hat für den Schalldruck $p(z, t)$ die Form:

$$\frac{\partial^2 p}{\partial z^2} = \frac{1}{c^2} \frac{\partial^2 p}{\partial t^2}. \tag{III, 24}$$

Bisher wurde der Querschnitt des Rohres, in dem die Luftsäule schwingt, als konstant angesehen. Gehen wir nun dazu über, einen längs der Rohrachse z variablen Querschnittsverlauf $\sigma(z)$ (siehe Abb. 27) anzunehmen, wie es der Gestalt des Ansatzrohres entspricht, so ergibt sich eine etwas kompliziertere Kontinuitätsgleichung als oben, während Zustandsgleichung und Bewegungsgleichung erhalten bleiben:

$$\frac{1}{\sigma} \frac{d\sigma}{dz} s + \frac{\partial s}{\partial z} = -\frac{1}{\varrho_0} \frac{\partial \varrho}{\partial t}. \tag{III, 25}$$

Hieraus erhält man als Differentialgleichung für den Schalldruck die sog. *Webstersche Horngleichung*

$$\frac{\partial^2 p}{\partial z^2} + \frac{1}{\sigma} \frac{d\sigma}{dz} \frac{\partial p}{\partial z} = \frac{1}{c^2} \frac{\partial^2 p}{\partial t^2}. \tag{III, 26}$$

Diese Differentialgleichung ist die Grundlage für unsere weiteren Erörterungen der Artikulationstheorie.

Um die Zahl der Schallfeldgrößen zu reduzieren, führt man das *Geschwindigkeitspotential* $\Phi(z, t)$ ein, aus dem sich Schnelle und Schalldruck durch einfache Differentiation ableiten lassen:

$$p = \varrho_0 \frac{\partial \Phi}{\partial t} \qquad s = -\frac{\partial \Phi}{\partial z}. \tag{III, 27}$$

Wie für den Schalldruck gelten für das Geschwindigkeitspotential bei konstantem bzw. bei ortsveränderlichem Querschnittsverlauf die Differentialgleichungen

$$\frac{\partial^2 \Phi}{\partial z^2} = \frac{1}{c^2} \frac{\partial^2 \Phi}{\partial t^2} \qquad \text{(III, 28)}$$

bzw.

$$\frac{\partial^2 \Phi}{\partial z^2} + \frac{1}{\sigma} \frac{d\sigma}{dz} \frac{\partial \Phi}{\partial z} = \frac{1}{c^2} \frac{\partial^2 \Phi}{\partial t^2}\,. \qquad \text{(III, 29)}$$

7. Das Artikulationsfilter und die allgemeine Wellengleichung

Wie wir bereits feststellten (siehe S. 40f.), kommen die Eigenschwingungen des Artikulationsfilters durch ein Zusammenwirken der Kräfte des schwingenden Mediums und der Randbedingungen zustande. Diesem Sachverhalt soll nun die allgemeinste mathematische Formulierung gegeben werden.

Unter Berücksichtigung unserer Voraussetzungen (Freisein von energetischen Verlusten) werden die Schwingungseigenschaften der Luft im unbegrenzten Raume durch die *allgemeine Wellengleichung*

$$\Delta \Phi = \frac{\partial^2 \Phi}{\partial x^2} + \frac{\partial^2 \Phi}{\partial y^2} + \frac{\partial^2 \Phi}{\partial z^2} = \frac{1}{c^2} \frac{\partial^2 \Phi}{\partial t^2} \qquad \text{(III, 30)}$$

beschrieben. ($\Phi(x, y, z, t)$: Geschwindigkeitspotential; t: Zeitkoordinate; x, y, z: kartesische Ortskoordinaten, c: Schallgeschwindigkeit.)

Aus dem Geschwindigkeitspotential $\Phi(x, y, z, t)$ lassen sich Schalldruck und Schallschnelle in folgender Weise ableiten:

Schalldruck: $$p = \varrho_0 \frac{\partial \Phi}{\partial t} \qquad \text{(III, 31)}$$

Schallschnelle: $$s = -\operatorname{grad} \Phi. \qquad \text{(III, 32)}$$

Die Randbedingungen lauten unter der Voraussetzung ideal harter Wände des Ansatzrohres folgendermaßen: die Lösungen der allgemeinen Wellengleichung (III, 30) besitzen an den Wänden des Artikulationsorgans ein Maximum, an der Mundöffnung sind sie gleich Null (die Glottis wird hierbei als geschlossen angesehen), oder, mathematisch ausgedrückt:

$$\left(\frac{\partial \Phi}{\partial n}\right)_{\text{Wand}} = 0 \quad , \quad \Phi_{\text{Mundöffnung}} = 0 \qquad \text{(III, 33)}$$

(n bezeichnet die Normale senkrecht zur Wand an der jeweils betrachteten Stelle).

Die allgemeine Wellengleichung ist mit der sehr unregelmäßigen geometrischen Form der Randbedingungen längs der Wände des Ansatzrohres nur sehr schwierig zu lösen. Da andererseits für das vorliegende Artikulationsproblem nur Frequenzen bis etwa 5 kHz berücksichtigt zu werden brauchen und das Verhältnis der kleinsten vorkommenden Wellenlänge zu den Querschnittsdurchmessern des Ansatzrohres daher groß ist, läßt sich die allgemeine dreidimensionale Wellengleichung (III, 30) ersetzen durch eine Differentialgleichung, die den artikulatorischen Schwingungsvorgang mit einer einzigen Ortskoordinate, der Rohrachse z, beschreibt (Abb. 27). Diese Differentialgleichung ist, wie wir gesehen haben, die *Horngleichung von* WEBSTER, die bisher in der Akustik hauptsächlich zur Berechnung der Eigenschaften trichterförmiger Gebilde herangezogen wurde.

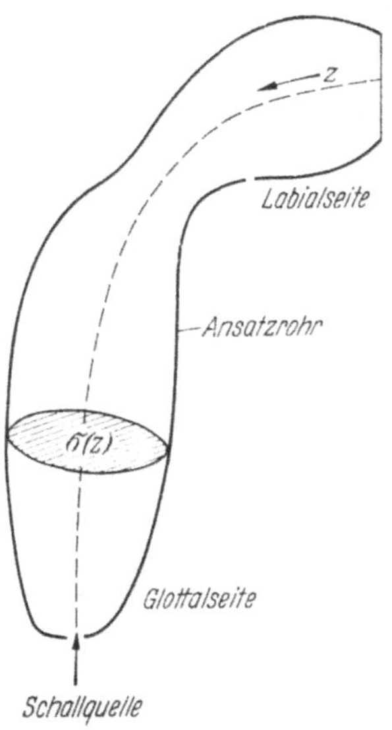

Abb. 27. Schematische Darstellung der längs der Rohrachse veränderlichen Querschnittsflächen des Ansatzrohres

Die hierfür auf S. 48/49 formulierten Randbedingungen (Mundöffnung ideal schallweich, Glottis ideal schallhart) werden mathematisch folgendermaßen dargestellt:

$$\left.\frac{\partial \Phi(z,t)}{\partial z}\right|_{\text{Glottis}} = 0, \qquad \left.\Phi(z,t)\right|_{\text{Mundöffnung}} = 0. \tag{III, 34}$$

Die Beschreibung der Eigenschaften der Websterschen Horngleichung und ihr Einfluß auf das Artikulationsgeschehen ist das Thema der folgenden Kapitel[1].

IV. Experimenteller Nachweis der Brauchbarkeit der Websterschen Horngleichung als Grundlage für eine Artikulationstheorie

1. Diskussion der Voraussetzungen

Wir erhielten das Ergebnis, daß die Schwingungsvorgänge in dem uns interessierenden Frequenzbereich bis 5 kHz durch eine Differentialgleichung mit einer Ortskoordinate und einer Zeitkoordinate mathema-

[1] Unseres Wissens wurde die Webstersche Horngleichung zum erstenmal von CHIBA und KAJIYAMA zur Berechnung phonetisch-akustischer Sachverhalte herangezogen. Die Autoren berechneten mit ihrer Hilfe die Druck- und Schnelleverläufe im Ansatzrohr für Formantfrequenzen, die sie vorher experimentell gemessen hatten. Etwas eingehender hat sich WEIBEL (1955 a, b) mit der Möglichkeit einer Anwendung der Horngleichung in der akustischen Phonetik befaßt. Seine Überlegungen sind jedoch mehr theoretischer Natur und dringen nicht bis zu einer Eigenwerttheorie der Vokalartikulation vor.

tisch beschrieben werden können. Diese Differentialgleichung ist die Webstersche Horngleichung:

$$\frac{\partial^2 \Phi}{\partial z^2} + \frac{1}{\sigma} \frac{d\sigma}{dz} \frac{\partial \Phi}{\partial z} = \frac{1}{c^2} \frac{\partial^2 \Phi}{\partial t^2}. \qquad \text{(IV, 1)}$$

Sie gilt unter folgenden Bedingungen:

1. Das zu beschreibende System wird als verlustfrei angesehen, d. h. jede Art von energetischer Dissipation wird vernachlässigt.
2. Im Ansatzrohr bilden sich ebene, zur Rohrachse senkrecht stehende Wellenfronten aus.
3. Die Wände des Rohres sind ideal hart.
4. Der räumliche Querschnittsverlauf darf keine so starken Krümmungen aufweisen, daß die als eben angenommenen Wellenfronten die Rohrwände nicht mehr berühren.

Man kann diese Voraussetzungen zusammenfassend auch so formulieren: in dem schwingenden Medium muß die allgemeine Wellengleichung (III, 30) gelten.

Diese Bedingungen werden von den menschlichen Artikulationsorganen nur ungenügend erfüllt.

Über die Möglichkeiten und Gründe einer Vernachlässigung der Verluste wurde bereits gesprochen. Eine solche Vernachlässigung ist vertretbar, weil die Dämpfung auf die Lage der Resonanzfrequenzen, die zu berechnen unser Hauptziel ist, nur einen geringen Einfluß besitzt. Doch muß darauf aufmerksam gemacht werden, daß die Schallabstrahlung am Munde nur bezüglich des physikalischen Zusammenhangs als Verlust bezeichnet werden kann. Linguistisch gesehen ist sie das eigentliche Produkt der Artikulation, der Sprachschall.

Die ideale Randbedingung, die festlegt, daß an der Mundöffnung der Schalldruck immer Null ist, daß also kein Schall *nach außen* abgestrahlt wird, besagt aber, daß alle Schallenergie, die das labiale Ende des Ansatzrohres erreicht, *nach innen* reflektiert, wieder in das Ansatzrohr zurück abgestrahlt wird. Insofern ist am Munde allerdings wohl eine Schallabstrahlung vorhanden, aber eine Abstrahlung nach innen, nicht nach außen.

Punkt 2, welcher ebene Wellenfronten im Ansatzrohr verlangt, bereitet weitere Schwierigkeiten. Im strengen Sinne sind nur in einem Ansatzrohr mit hinsichtlich Form und Inhalt konstanten Querschnittsflächen ebene Wellenfronten anzutreffen. Durch die Möglichkeit, das Ansatzrohr als ungeknickt, langgestreckt und die Querschnitte als kreisförmig anzusehen, kommen wir zwar solchen Verhältnissen etwas näher, bestehen bleibt aber trotzdem ein nichtkonstanter Querschnittsverlauf als größtes Hindernis ebener Wellenfronten. Setzen wir ideal harte Wände voraus, dann sind die Wellenfronten, d. h. die Fläche benachbarter, in gleicher Phase schwingender Teilchen, nicht eben, sondern je nach dem Querschnittsverlauf konkav oder konvex (Abb. 28): die Wellenfronten stehen auf den Wänden und der Rohrachse senkrecht[1].

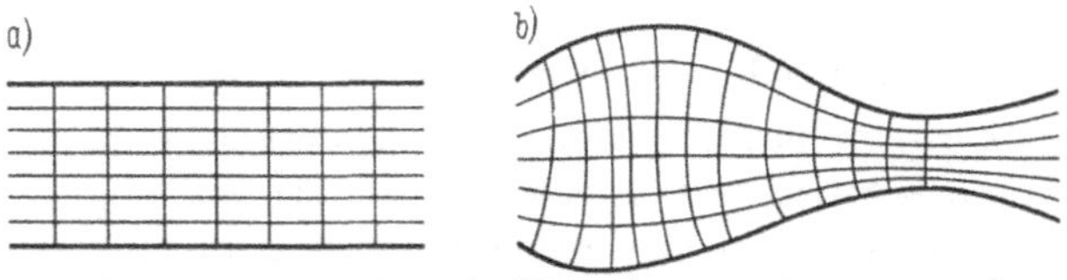

Abb. 28. Schematische Darstellung der Form der Wellenebenen im Ansatzrohr; a) kreiszylindrisches, b) in der Querschnittsfläche veränderliches Ansatzrohr

Aber die Wände des Ansatzrohres sind nicht vollkommen hart (Punkt 3). Ganz im Gegenteil muß die weiche Verkleidung der Ansatzrohrräume hervorgehoben werden. Immerhin scheint wenigstens die Forderung 4 erfüllt zu sein, da man kaum zu befürchten braucht, daß der Querschnittsverlauf des Ansatzrohres sich so abrupt ändert, daß die Wellenfronten den Kontakt mit den Wänden verlieren.

Betrachten wir die Randbedingungen (S. 56), die wir im vorhergehenden Kapitel formuliert haben, dann erscheint uns dort das gleiche Mißverhältnis zwischen der Realität und den gemachten Voraussetzungen. Der Schalldruck ist keineswegs an der Mundöffnung zu jedem Zeitpunkt gleich Null, da sonst keine Schallabstrahlung stattfinden könnte. Am Glottisende ist das periodische Öffnen und Schließen der Stimmlippen während der Phonation zu berücksichtigen. Um diese komplexe Situation erfassen zu können, müßten erweiterte Randbedingungen etwa der Form

$$\left(\alpha_1 \frac{\partial \Phi}{\partial z} + \beta_2 \Phi\right)_{\text{Glottis}} = 0 \;,\quad \left(\alpha_2 \frac{\partial \Phi}{\partial z} + \beta_2 \Phi\right)_{\text{Mund}} = 0 \qquad \text{(IV,2)}$$

angesetzt werden, welchen jedoch aus zweierlei Gründen die idealisierten Werte vorgezogen werden. Erstens sind die physikalischen Vorgänge, die zu den Gleichungen (IV, 2) führen, nur schwer mathematisch zu beschreiben[2]; zweitens wird das Lösen der Differentialgleichung mit den Randbedingungen (IV, 2) ein verwickeltes Verfahren, das in keinem Verhältnis steht zu den Zielen unserer Untersuchung.

Auch die Annahme kreiszylindrischer Querschnittsflächen weicht erheblich von den wirklichen Verhältnissen ab. Bei den Untersuchungen von FANT (1958) ergaben sich für die Artikulation des Vokals [ɨ] die auf Abb. 29 gezeigten Variationen der Querschnittsflächenformen.

---

[1] Eine Erweiterung der Websterschen Gleichung, welche diese Verhältnisse berücksichtigt, gibt WEIBEL (1955 a).

[2] Das erkennt man beispielsweise an den Endkorrekturberechnungen für Resonatoren und Orgelpfeifen (z. B. A.T. JONES).

Näheres zu dem Problemkreis dieses Abschnittes findet man bei HALL.

Die Anwendung der Horngleichung zur Berechnung der Resonanzfrequenzen des Artikulationsfilters erscheint also in vieler Hinsicht bedenklich. Daher muß zunächst die Übereinstimmung ihrer Lösungen mit

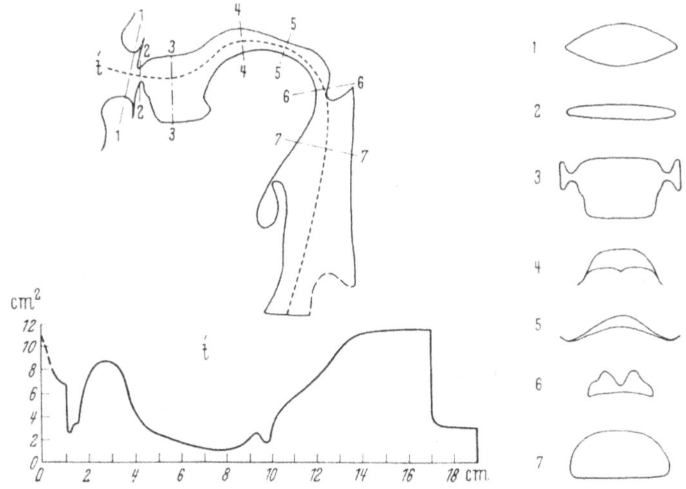

Abb. 29. Querschnittsverlauf $\sigma(z)$ und Formen einiger Querschnittsflächen bei der Artikulation des Vokals [ɨ] (nach FANT)

der akustischen Realität nachgewiesen werden. Ist dieser Nachweis gelungen, dann ergeben sich aus den Eigenschaften der Horngleichung die übrigen Resultate.

2. Die Ansatzrohrmodelle

Um die Brauchbarkeit der Websterschen Horngleichung für die mathematische Beschreibung der Vokalartikulation nachzuweisen, muß man an geeigneten Ansatzrohrkonfigurationen nachprüfen, ob trotz der mangelnden Übereinstimmung der zur Horngleichung gehörenden Gültigkeitsvoraussetzungen mit der akustisch-phonetischen Realität die *berechneten* Resonanzfrequenzen mit den *wirklichen* Werten innerhalb der vorgegebenen Toleranzbereiche übereinstimmen. Als zulässige Fehlerbereiche gelten die auf S. 50 festgelegten Breiten der zu einem Phonem gehörenden Allophonklassen bei der Darstellung durch Formantfrequenzen.

Da die natürlichen Hohlräume des menschlichen Artikulationsorgans aus anatomischen Gründen nur an einzelnen Punkten meßbar sind, wurden die Resonanzfrequenzen von *Gipsmodellen* des Ansatzrohres mit bekannter Querschnittsfunktion $\sigma(z)$ *berechnet und gemessen.*

Es handelt sich um folgende Modelle:

Modell A: Hiermit bezeichnen wir die einfachste Ansatzrohrkonfiguration, ein kreiszylindrisches Rohr mit konstantem Querschnittsverlauf:

$$\sigma_A(z) = \text{const}$$

Modell B: Die Querschnittsfunktion $\sigma_B(z)$ ist tabellarisch vorgegeben:

z/cm	0	0,5	1	2	3	4	5	6	7	8	9	10	11	12	13	14	15	16
$\sigma(z)$/cm²	0,8	4,5	7,05	10,02	10,08	8,5	5,3	2,5	1,8	1,15	0,95	0,8	0,6	0,5	0,6	0,7	0,8	1,1

*Modell B**: Die Achse des Ansatzrohres, d. h. die z-Koordinate der Querschnittsfunktion verläuft bei gleichen Tabellenwerten entgegengesetzt zu derjenigen des Modells *B*:

$$\sigma_{B^*}(z) = \sigma_B(16\text{-}z)$$

Modell C: $\sigma_C(z)$ tabellarisch:

z/cm	0	1	2	3	3,5	4	5	6	7	8	9	10	11	12	12,5	13	14	15	15,5	16
$\sigma(z)$/cm²	1,53	7,07	11,3	13,6	13,8	13,4	11,6	8,9	6,6	3,95	2,54	1,2	0,55	0,45	0,4	0,45	0,9	2,3	3,14	3,14

*Modell C**: Tabelle von Modell *C* in umgekehrter Reihenfolge (ähnlich *Modell B**):

$$\sigma_{C^*}(z) = \sigma_C(16\text{-}z).$$

Modell D:

$$\sigma_D(z) = 3{,}14 + 2{,}36 \sin 15{,}4 \frac{z}{l} \quad ; \; l = 19{,}6\,\text{cm}.$$

Modell E:

$$\sigma_E(z = 3{,}14 + 2{,}86 \sin 15{,}4 \frac{z}{l} \quad ; \; l = 19{,}6\,\text{cm}.$$

Modell F:

$$\sigma_F(z) = 3{,}14 + 3{,}10 \sin 15{,}4 \frac{z}{l} \quad ; \; l = 19{,}6\,\text{cm}.$$

Modell G:

$$\sigma_G(z) = 3{,}14 \left(\sqrt{0{,}75 \sin 15{,}0 \frac{z}{l} + 1} - 1{,}82 \right)^2 \quad ; \; l = 19{,}2\,\text{cm}.$$

Die Modelle zerfallen in zwei Gruppen:

1. Die Modelle *B*, *B**, *C*, *C** sind den Maßen natürlicher Ansatzrohre nachgebildet. Als Vorbild dienten die Röntgenaufnahmen und Meßergebnisse von Russell (1928 und 1929). Die Länge von 16 cm entspricht dem

Durchschnitt der menschlichen Artikulationsorgane. Auf Grund ihrer „inversen“ Gestalt war für die Querschnittsfunktionen *B*/*B** und *C*/*C** jeweils nur ein einziges Gipsmodell erforderlich.

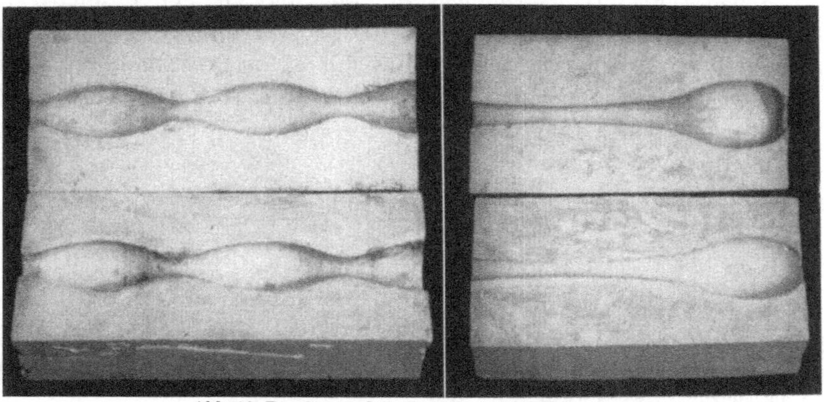

Abb. 30. Die Gipsmodelle D (links) und B/B* (rechts)

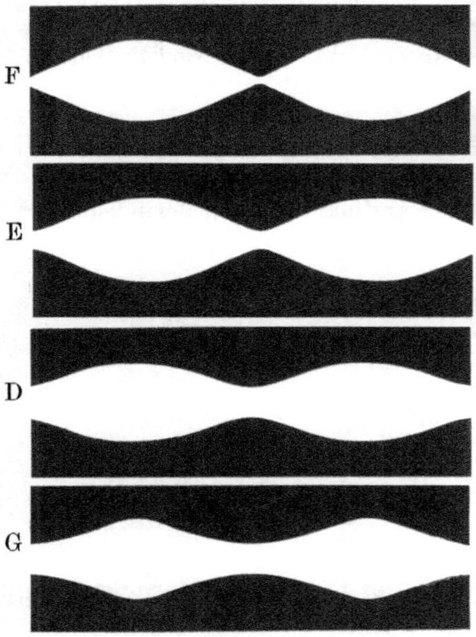

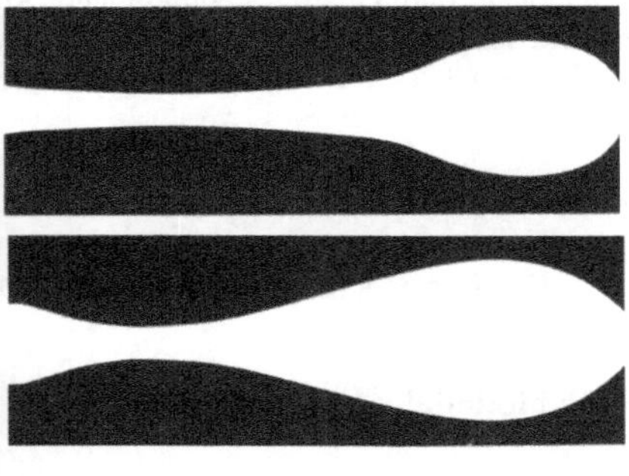

Abb. 31. Längsschnitt durch die Modelle *B*/*B** (oben) und *C*/*C** (unten)

Abb. 32. Längsschnitte durch die Modelle *D*, *E*, *F*, *G*

2. Die Modelle *D*, *E*, *F*, *G* dienten dazu, die Anwendbarkeit der Horngleichung auf Röhren variablen Querschnitts grundsätzlich nachzuprüfen. Die sinusförmigen Verläufe und die Länge dieser Modelle ergaben sich aus praktischen Erwägungen für ihre Herstellung. Sie sind außerdem für den zu prüfenden Sachverhalt außerordentlich günstig.

Die Abb. 30 zeigt zwei der Gipsmodelle, die Abb. 31 und 32 Längsschnitte durch die Modelle.

3. Die Integration der Differentialgleichungen der Modelle

Die erste Aufgabe besteht darin, die zu den Modellen gehörigen Websterschen Differentialgleichungen zu lösen und aus den Lösungen die Resonanzfrequenzen abzuleiten. Das Lösungsverfahren und nähere Einzelheiten der Berechnung behandeln wir im nächsten Kapitel. Zum Verständnis des Nachfolgenden müssen wir jedoch jetzt schon auf einige Punkte eingehen.

Die Horngleichung

$$\frac{\partial^2 \Phi}{\partial z^2} + \frac{1}{\sigma}\frac{d\sigma}{dz}\frac{\partial \Phi}{\partial z} = \frac{1}{c^2}\frac{\partial^2 \Phi}{\partial t^2} \qquad \text{(IV, 3)}$$

ist in der bisherigen Schreibweise eine partielle Differentialgleichung.

Mit dem Ansatz

$$\Phi(z, t) = \varphi(z) \sin 2\pi\nu t \qquad \text{(IV, 4)}$$

kann man sie in eine gewöhnliche Differentialgleichung überführen, die der Berechnung zugrunde gelegt wird.

Der Lösungsansatz (IV, 4) separiert die Gesamtlösung $\Phi(z, t)$ in einen zeitabhängigen und einen ortsabhängigen Anteil. Da die Webstersche Horngleichung linear ist, kann man die Zeitfunktion sofort als sinusförmig einsetzen. Die sich ergebende Gleichung für den ortsabhängigen Anteil $\varphi(z)$ des Geschwindigkeitspotentials hat die Form

$$\frac{d^2\varphi}{dz^2} + \frac{1}{\sigma}\frac{d\sigma}{dz}\frac{d\varphi}{dz} + \lambda\varphi = 0 \ , \ \lambda = \left(\frac{2\pi\nu}{c}\right)^2 \qquad \text{(IV, 5)}$$

Bei der Rechnung müssen folgende Randbedingungen berücksichtigt werden:

für Modell B, B^*, C und C^*: $\varphi(z)\Big|_{z=0} = 0 \ , \ \frac{d\varphi}{dz}\Big|_{z=16} = 0$

für Modell D, E und F: $\varphi(z)\Big|_{z=2,4} = 0 \ , \ \frac{d\varphi}{dz}\Big|_{z=22} = 0$

für Modell G: $\varphi(z)\Big|_{z=-1,5} = 0 \ , \ \frac{d\varphi}{dz}\Big|_{z=17,7} = 0$

Nun sind aber die Schwierigkeiten bei der Lösung der Horngleichung mit dem Ableiten der Gl. (IV, 5) keineswegs beseitigt. Man kann nachweisen, daß es grundsätzlich keine geschlossene mathematische Funktion gibt, die als Lösung einer Differentialgleichung der Form (IV, 5) angesehen werden kann. Da es sich bei der Berechnung der Modelle aber um ein prinzipielles Anliegen handelt, aus welchem die Brauchbarkeit der Horngleichung für unsere Zwecke geklärt werden soll, wurden die Gleichungen der Modelle im Rheinisch-Westfälischen Institut für instrumentelle Mathematik an der Universität Bonn *apparativ integriert.*

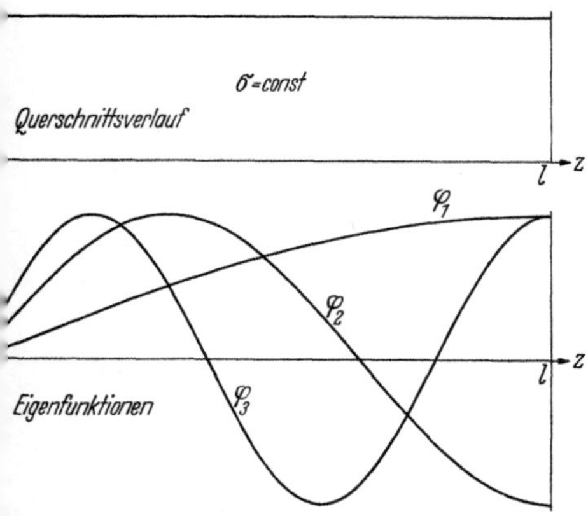

Abb. 33. Querschnittsverlauf und Eigenfunktionen von Modell A (kreiszylindrisch Rohr)

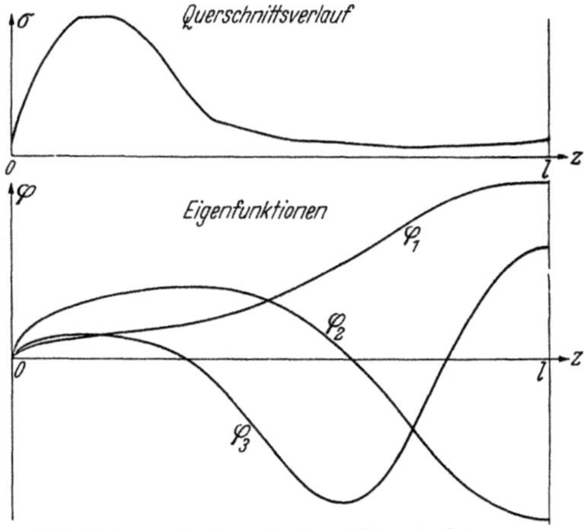

Abb. 34. Querschnittsverlauf und Eigenfunktionen von Modell B

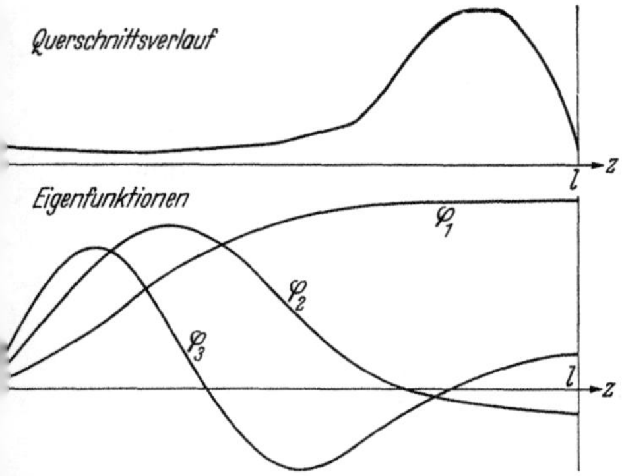

Abb. 35. Querschnittsverlauf und Eigenfunktionen von Modell B*

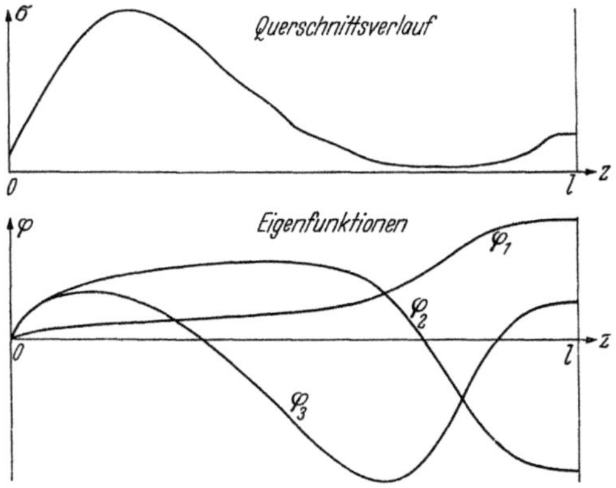

Abb. 36. Querschnittsverlauf und Eigenfunktionen von Modell C

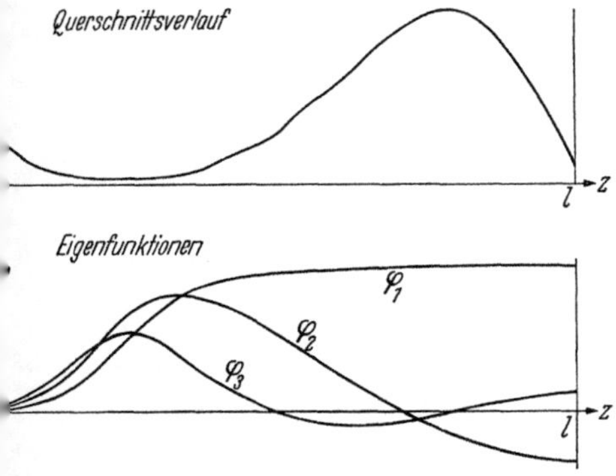

Abb. 37. Querschnittsverlauf und Eigenfunktionen von Modell C*

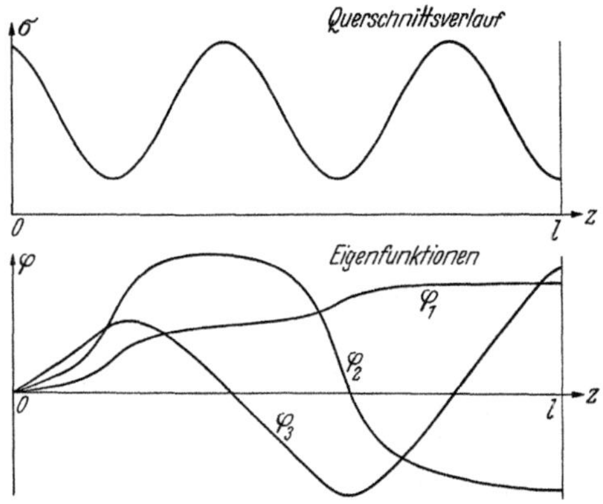

Abb. 38. Querschnittsverlauf und Eigenfunktionen von Modell D

Die von der Integrieranlage aufgezeichneten Funktionen $\varphi_n(z)$ und die berechneten Eigenwerte λ_n sind auf den Abb. 33–39 wiedergegeben (die Aufzeichnungen für die Modelle *E* und *F* fehlen, da sie derjenigen für das Modell *D* ähnlich sind). Eine Interpretation der Kurven geben wir im nachfolgenden Kapitel.

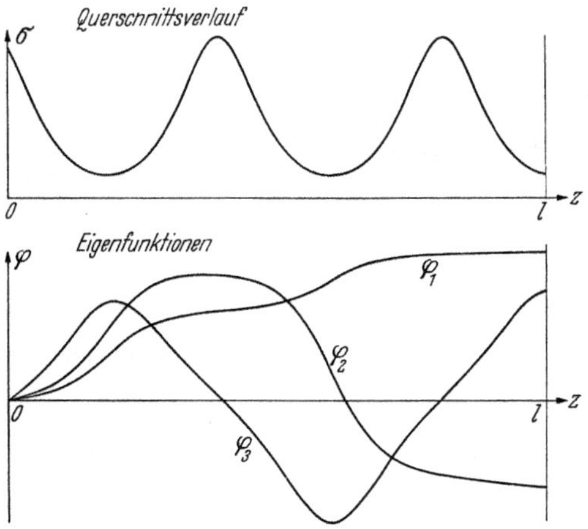

Abb. 39. Querschnittsverlauf und Eigenfunktionen von Modell D

Aus den berechneten Eigenwerten λ_n lassen sich vermöge der Beziehung

$$\lambda_n = \left(\frac{2\pi\,\nu_n}{c}\right)^2 \qquad \text{(IV,6)}$$

die Resonanzfrequenzen ν_n unmittelbar herleiten. Nachstehend sind in einer Tabelle die drei ersten Eigenwerte jedes Modells mit den zugehörigen Resonanzfrequenzen eingetragen.

	A	B	B*	C	C*	
λ_1	0,0093	0,0240	0,0016	0,0164	0,0012	cm^{-2}
ν_1	540	870	224	718	194	Hz
λ_2	0,084	0,056	0,130	0,032	0,175	cm^{-2}
ν_2	1620	1325	2020	1000	2340	Hz
λ_3	0,233	0,210	0,325	0,235	0,391	cm^{-2}
ν_3	2700	2570	3200	2720	3500	Hz

	D	E	F	G	
λ_1	0,0041	0,0025	0,0009	0,0041	cm^{-2}
ν_1	355	280	168	355	Hz
λ_2	0,032	0,019	0,006	0,031	cm^{-2}
ν_2	1002	773	435	987	Hz
λ_3	0,340	0,420	0,455	0,378	cm^{-2}
ν_3	3270	3560	3780	3440	Hz

4. Die experimentellen Frequenzcharakteristiken der Modelle

Zur experimentellen Bestimmung der Formantfrequenzen mußten die Frequenzcharakteristiken der Ansatzrohrmodelle ausgemessen werden[1]. *Die Maxima einer Frequenzcharakteristik bestimmen die Resonanzfrequenzen des Filters.*

[1] Zur Definition der Frequenzcharakteristik siehe S. 43

Praktisch müßten also im Frequenzbereich zwischen 50 Hz und 5000 Hz eine genügend große Zahl von Sinusschwingungen gleicher Amplitude und verschiedener Frequenz in das Modell abgestrahlt werden und an dessen Ausgang gemessen werden. Die Messung konnte aber in dieser Weise nicht vorgenommen werden, weil in dem Resultat die Einflüsse der Meßapparatur (Verstärker, Mikrophon, Lautsprecher usw.) mit enthalten sind.

Um diese Einflüsse zu eliminieren, wurde daher zunächst eine *Eichkurve,* d. h. eine Frequenzcharakteristik aller in die Meßschaltung eingebauten Apparate *ohne Modell* ($F_{eich}(\nu)$) bestimmt. Danach wurde die Messung *mit eingeschaltetem Modell* wiederholt ($F_{eich+mod}(\nu)$). Die gesuchte Frequenzcharakteristik $F_{mod}(\nu)$ des Modells konnte aus den gemessenen Kurven berechnet werden, nämlich

$$F_{\text{mod}}(\nu) = \frac{F_{\text{eich+mod}}(\nu)}{F_{\text{eich}}(v)}. \qquad \text{(IV,7)}$$

Abb. 40 zeigt die Schaltskizze des Meßplatzes. Zur Abschirmung gegen äußere Störungen wurden Lautsprecher, Modell und Mikrophon in einen Kasten gesetzt und akustisch abgedichtet. Eine dicke Lage schallschluckenden Materials bedeckte den Boden; das Modell und die elektroakustischen Wandler waren von Ballen aus Polsterwatte umgeben, die nicht nur der Schallisolierung nach außen, sondern auch der Abdämpfung des direkten, das Modell umgehenden Schalls vom Lautsprecher auf das Mikrophon dienten.

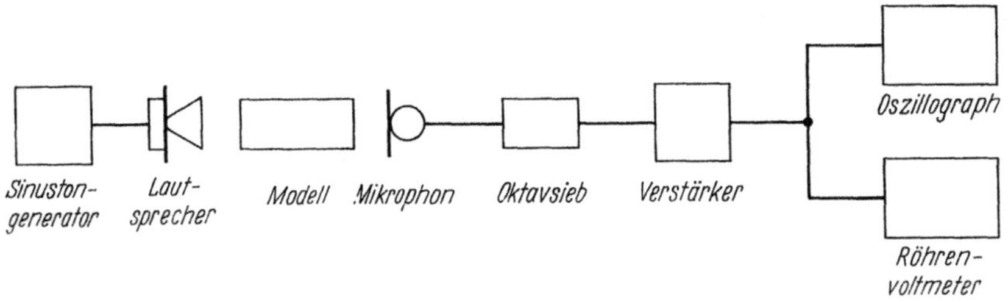

Abb. 40. Blockschaltbild des Meßplatzes

Auf den folgenden Seiten sind die gemessenen Frequenzcharakteristiken dargestellt. Die aus ihnen sich ergebenden Formantfrequenzen ν'_n sind mit den relativen Fehlern ϱ_n gegenüber den berechneten Werten ν_n in der folgenden Tabelle zusammengefaßt. Dabei ist

$$\varrho_n = \frac{\nu'_n - \nu_n}{\nu_n} 100 \quad [\%]. \qquad \text{(IV,8)}$$

	B	B*	C	C*	D	E	F	G	
ν'_1	760	195	760	190	400	220	155	400	Hz
ϱ_1	—12,7	—13,0	+ 5,9	— 2,1	+12,7	—21,4	— 7,7	+12,7	%
ν'_2	1700	1800	980	2200	960	750	390	860	Hz
ϱ_2	+28,3	—10,8	— 2,0	— 6,0	— 4,2	— 3,0	—10,3	—12,9	%
ν'_3	2700	2900	2300	3600	3500	3500	3600	3400	Hz
ϱ_3	+ 5,1	— 9,4	—15,5	+ 2,9	+ 7,0	— 1,7	— 4,8	— 1,2	%

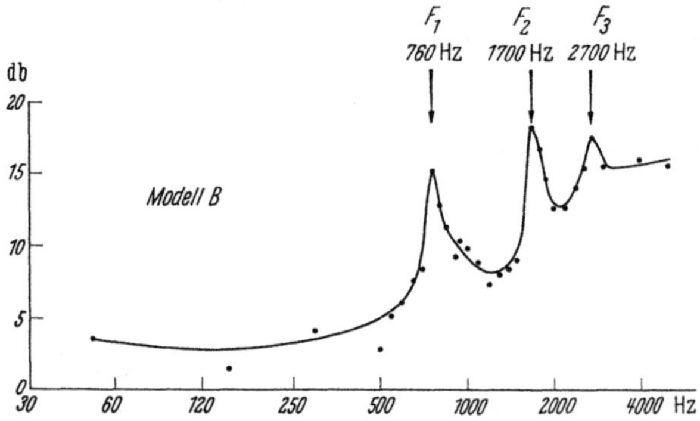

Abb. 41. Gemessene Frequenzcharakteristik Modell B

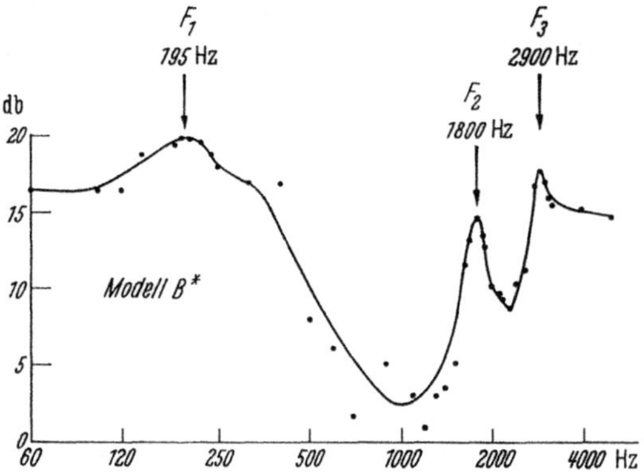

Abb. 42. Gemessene Frequenzcharakteristik Modell B*

Diese Ergebnisse zeigen, daß die Fehler im allgemeinen wesentlich unter den auf S. 50 angegebenen zulässigen Fehlergrenzen liegen; sie fallen vielfach sogar unter die sensorische Unterscheidungsschwelle für Formantfrequenzen[1]. Die Fehler zwischen den berechneten und den

[1] Literatur zur sensorischen Unterscheidungsschwelle für Formantfrequenzen: Joos (S. 83), Stevens, Flanagan (1955).

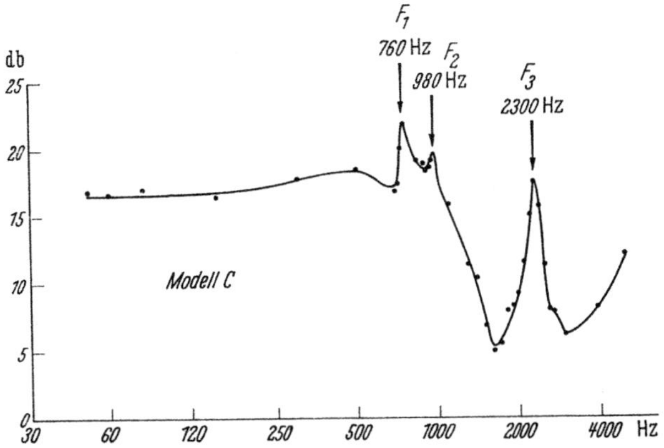

Abb. 43. Gemessene Frequenzcharakteristik Modell C

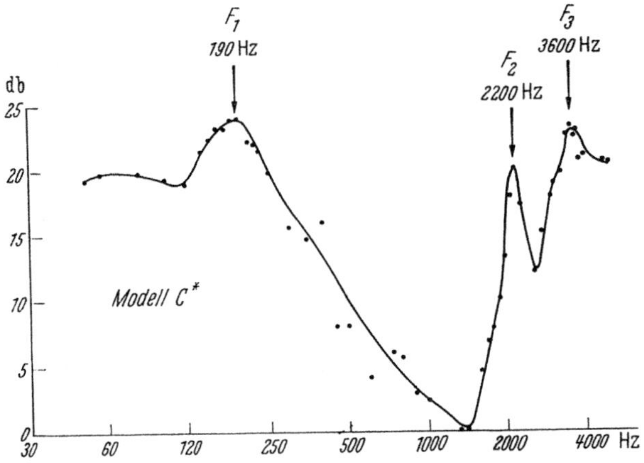

Abb. 44. Gemessene Frequenzcharakteristik Modell C*

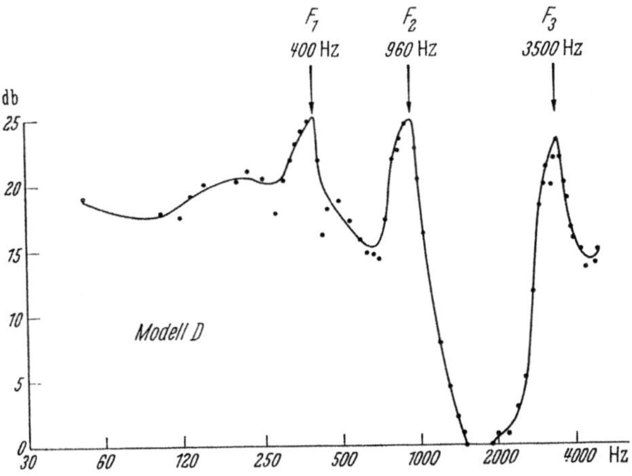

Abb. 45. Gemessene Frequenzcharakteristik Modell D

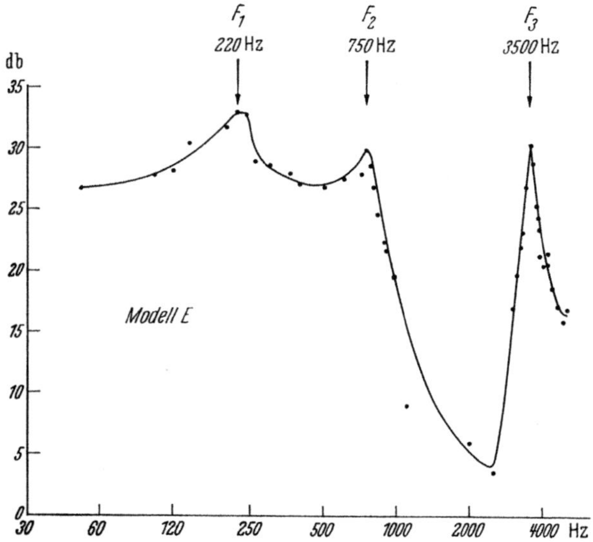

Abb. 46.
Gemessene Frequenzcharakteristik Modell E

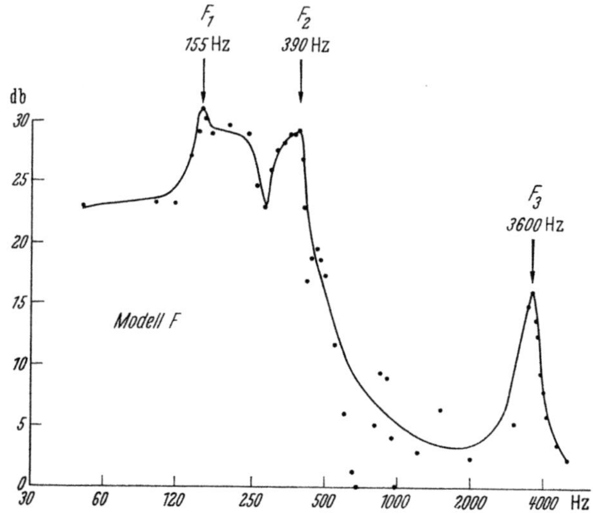

Abb. 47.
Gemessene Frequenzcharakteristik Modell F

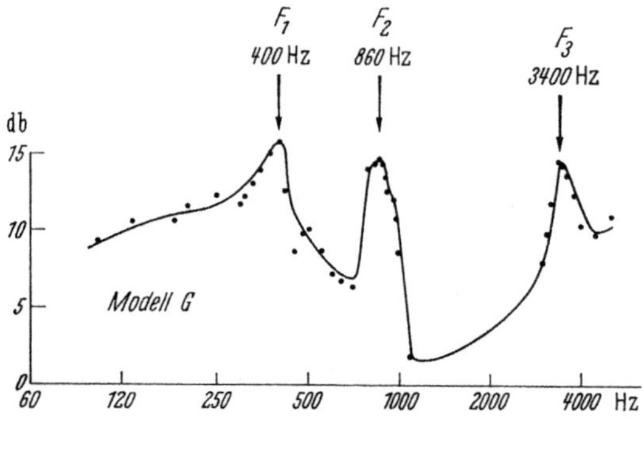

Abb. 48.
Gemessene Frequenzcharakteristik Modell G

gemessenen Werten sind aus der Formantkarte Abb. 49 unmittelbar ersichtlich.

Damit ist nachgewiesen, daß die Webstersche Horngleichung den Mechanismus der Vokalartikulation für unsere Zwecke mathematisch gültig beschreibt.

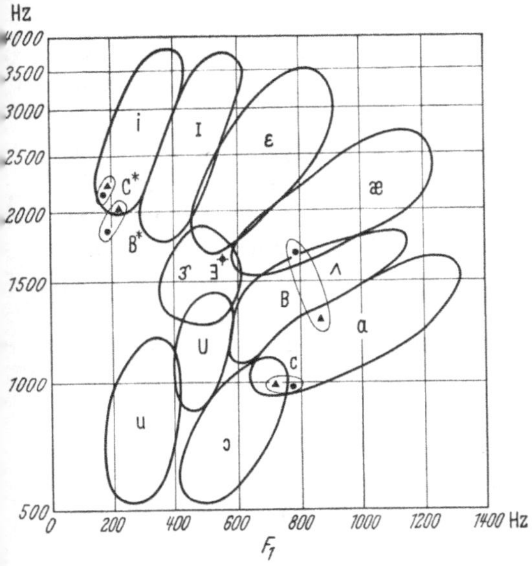

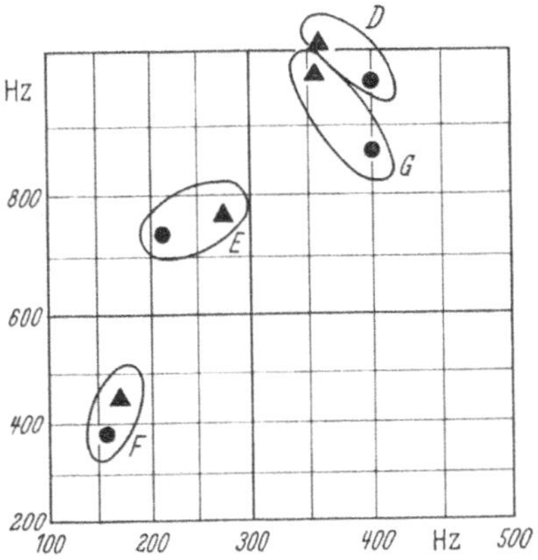

Abb. 49. Formantkarte mit den gemessenen und berechneten Formantfrequenzen (●: gemessen, ▲: berechnet; die großen lateinischen Buchstaben verweisen auf die entsprechenden Modelle, die zugehörigen Frequenzwerte sind mit einem elliptischen Linienzug umschlossen)

V. Die Vokalartikulation und die Eigenschaften der Websterschen Horngleichung

1. Die Vokalartikulation als Eigenwertproblem

Wir gehen nun dazu über, mit möglichst einfachen Mitteln die Theorie der Vokalartikulation, wie sie sich im Zusammenhang mit der Webster-schen Gleichung darstellt, zu entwickeln. Vom mathematischen Standpunkt aus haben wir es mit einem sog. *Eigenwertproblem* zu tun. Es muß daher zuerst erläutert werden, was hierunter zu verstehen ist.

Wir hatten festgestellt, daß die Eigenschwingungen und Resonanzfrequenzen des Ansatzrohres aus dem Zusammenwirken der dem Schallfeld inhärenten Gesetze und den physikalischen Bedingungen an den Rändern der eingeschlossenen Luftsäule resultieren. Dieses Zusammenspiel von Schallfeldgesetzen und Randbedingungen spiegelt sich in der mathematischen Beschreibung: die allgemeinen Gesetzmäßigkeiten des Mediums werden in der Differentialgleichung erfaßt, die Randbedingungen werden explizit als Gleichungen formuliert (siehe S. 56).

Bei näherer Betrachtung zeigt sich, daß es für die Berechnung der Eigenschwingungen und Resonanzfrequenzen überflüssig ist, die Zeitkoordinate und die von ihr abhängigen Größen in der Differentialgleichung mitzuführen. Bereits an der mathematischen Formulierung der Randwerte ist ersichtlich, daß diese nur bezüglich der räumlichen Koordinaten festgelegt sind, nicht aber bezüglich der Zeit. Außerdem hängen die zeitabhängigen Anteile der Wellen im Ansatzrohr allein von dem Schallverlauf ab, durch welchen die Luftsäule zum Schwingen angeregt wird. Dieser akustische Tatbestand ermöglicht es uns, die zeitabhängigen Funktionen vorläufig zu eliminieren.

Dieses Ausklammern der zeitlichen Schwingungen aus unserer unmittelbaren Betrachtung verwirklichen wir mathematisch dadurch, daß wir die Funktion des Geschwindigkeitspotentials $\Phi(z, t)$ als Produkt eines ortabhängigen Anteils $\varphi(z)$ und eines zeitabhängigen Anteils $\psi(t)$ ansehen:

$$\Phi(z, t) = \varphi(z) \cdot \psi(t). \tag{V, 1}$$

Setzen wir dieses Produkt in die Horngleichung ein, so erhalten wir nach einigen Umformungen[1]

$$\frac{\varphi'' + (\ln \sigma)' \varphi'}{\varphi} = \frac{1}{c^2} \frac{\ddot{\psi}}{\psi} . \tag{V,2}$$

Da die linke Seite der Gleichung nur von z abhängt und die rechte Seite nur von t, kann die Gleichung so gedeutet werden, daß beide Seiten einer Konstanten, die wir mit $-\lambda$ bezeichnen wollen, gleich sind

$$\frac{\varphi'' + (\ln \sigma)' \varphi'}{\varphi} = -\lambda = \frac{1}{c^2} \frac{\ddot{\psi}}{\psi}. \tag{V,3}$$

Die Lösungen der rechten Gleichung

$$-\lambda = \frac{1}{c^2} \frac{\ddot{\psi}}{\psi} \quad \text{bzw.} \quad \ddot{\psi} + \lambda c^2 \psi = 0 \tag{V,4}$$

sind Sinoidalfunktionen, woraus sich schließlich ergibt, daß die Konstante λ folgender Bestimmung genügt:

$$\lambda = \left(\frac{2\pi\nu}{c}\right)^2 \tag{V,5}$$

d. h. λ ist dem Quadrat der Frequenz proportional.

Für $\varphi(z)$ erhalten wir andererseits die gewöhnliche Differentialgleichung

$$\varphi'' + (\ln \sigma)'\varphi' + \lambda\varphi = 0. \tag{V, 6}$$

---

[1] Es bedeuten: $\varphi' \equiv \frac{d\varphi}{dz}$, $\varphi'' \equiv \frac{d^2\varphi}{dz^2}$, $\dot{\psi} \equiv \frac{d\psi}{dt}$, $\ddot{\psi} \equiv \frac{d^2\psi}{dt^2}$.

Außerdem gilt die Identität: $\frac{\sigma'}{\sigma} \equiv (ln\sigma)'$.

Diese Form der Websterschen Horngleichung wird zur Berechnung herangezogen.

Wird der Funktion $\varphi(z)$ keine weitere Bedingung auferlegt, als eben die, Lösung der Differentialgleichung (V, 6) zu sein, so gibt es für jeden beliebigen Wert der Konstanten λ und also auch für jede beliebige Frequenz ν eine Lösung der Differentialgleichung. Man kann daher in diesem Falle φ nicht nur als eine Funktion von z, sondern auch von λ auffassen: $\varphi = \varphi(z, \lambda)$. Die Vorgänge im Artikulationsfilter sind aber gerade dadurch bestimmt, daß zu der Differentialgleichung weitere Bedingungen in Gestalt der Randwerte hinzutreten. Wir haben demnach das folgende *System von Gleichungen* zu berücksichtigen, das aus der Differentialgleichung und den mathematisch formulierten Randbedingungen besteht:

$$\begin{gathered} \varphi'' + (\ln\sigma)'\varphi' + \lambda\varphi = 0 \\ \varphi(z)\Big|_{z=0} = 0 \quad , \quad \varphi'(z)\Big|_{z=l} = 0 \end{gathered} \tag{V, 7}$$

($z = 0$: Mundöffnung, $z = l$: Glottis)

Dieses System definiert ein Eigenwertproblem. Es unterscheidet sich von dem einfachen Lösungsproblem dadurch, daß hier nicht für jedes λ eine Lösung gefunden werden kann, die zugleich auch den Randbedingungen genügt. Vielmehr wird eine Menge diskreter λ-Werte, die *Eigenwerte* λ_n des Problems, ausgesondert, zu denen eine ebenso große Menge von *Eigenfunktionen*[1] φ_n gehört, die zugleich die Differentialgleichung und die Randbedingungen erfüllen. Das bedeutet aber, daß es auch eine Menge diskreter Frequenzwerte gibt, die das akustische System, welches die obige Eigenwertaufgabe beschreibt charakterisieren. *Diese Frequenzwerte sind die Resonanzfrequenzen des Artikulationsfilters und die Formantfrequenzen des artikulierten Vokalschalls.*

Allgemein werden die Eigenwerte folgendermaßen berechnet. Die Lösungen einer gewöhnlichen, linearen Differentialgleichung 2. Ordnung bestehen aus der Summe zweier linear unabhängiger Funktionen:

$$\varphi (z, \lambda) = C_1\, \varphi_1 (z, \lambda) + C_2\, \varphi_2 (z, \lambda). \tag{V, 8}$$

Setzt man in diese Lösung die Randbedingungen ein, dann erhält man ein homogenes, lineares Gleichungssystem für die beiden unbekannten Konstanten C_1 und C_2:

$$\begin{aligned} \varphi (o, \lambda) &= C_1\, \varphi_1 (o, \lambda) + C_2\, \varphi_2 (o, \lambda) = 0 \\ \varphi' (l, \lambda) &= C_1\, \varphi_1' (l, \lambda) + C\ \ \varphi_2' (l, \lambda) = 0. \end{aligned} \tag{V, 9}$$

[1] Man darf den Terminus „Eigenfunktion“ nicht mit der früher gebrauchten Bezeichnung „Eigenschwingung“ verwechseln. Das Wort „Eigenfunktion“ ist ein mathematischer Terminus und bezieht sich immer unmittelbar auf das behandelte Eigenwertproblem. „Eigenschwingung“ ist dagegen ein akustischer Begriff, unter welchem man diejenigen Schwingungen (Resonanzschwingungen) versteht, die einem schwingungsfähigen System „eigentümlich“ sind. Diese Eigenschwingungen sind immer Zeitverläufe.

Aus der Theorie der Gleichungssysteme ist bekannt, daß C_1 und C_2 nur dann von Null verschieden sind, das Eigenwertproblem also nur dann eine Lösung besitzt, wenn die Koeffizientendeterminante des Gleichungssystems (V, 9) gleich Null ist:

$$\Delta(\lambda) = \begin{vmatrix} \varphi_1(o, \lambda) & \varphi_2(o, \lambda) \\ \varphi_1'(l, \lambda) & \varphi_2'(l, \lambda) \end{vmatrix} = \varphi_1(o, \lambda)\,\varphi_2'(l, \lambda) - \varphi_1'(l, \lambda)\,\varphi_2(o, \lambda) = 0. \qquad \text{(V, 10)}$$

Aus der transzendenten Gleichung (V, 10) $\Delta(\lambda) = 0$ können die Eigenwerte berechnet werden; es sind die Nullstellen der Funktion $\Delta(\lambda)$ oder – bei graphischer Darstellung – die Schnittpunkte der Funktion $\Delta(\lambda)$ mit der λ-Achse.

Man kann von vorneherein vermuten, daß die Nullstellen von $\Delta(\lambda)$ nur in speziellen Fällen äquidistant liegen. Das bedeutet aber, daß die Formantfrequenzen sich im allgemeinen in keinem harmonischen Verhältnis zueinander befinden. Wie noch zu zeigen ist, stellt sich eine harmonische Relation der Resonanzfrequenzen nur im Falle eines konstanten Querschnittsverlaufs, d. h. für ein zylindrisches Rohr ein. Weicht die Gestalt des Ansatzrohres vom konstanten Querschnittsverlauf ab, so verschieben sich die Eigenresonanzen in eine anharmonische Lage. Eine solche Verteilung der Formantfrequenzen ist für die Vokale charakteristisch.

Die Konstanten C_1 und C_2 sind nur in ihrem gegenseitigen Verhältnis festgelegt; sie können jeden beliebigen absoluten Betrag annehmen. Die Eigenfunktionen des Eigenwertproblems sind daher nur bis auf einen konstanten Faktor bestimmt. Hieraus ergibt sich die Möglichkeit, die Eigenfunktionen zu normieren.

Der Zusammenhang zwischen den Eigenwerten λ_n und den Eigenfunktionen φ_n wird durch den sog. Rayleighquotienten gegeben:

$$\lambda_n = \frac{\int_0^l \varphi_n\,(\sigma\,\varphi_n')'\,dz}{-\int_0^l \sigma\,\varphi_n^2\,dz} = \frac{\int_0^l \sigma\,\varphi_n'^2\,dz}{\int_0^l \sigma\,\varphi_n^2\,dz}. \qquad \text{(V,11)}$$

Mit seiner Hilfe ist es möglich, die Eigenwerte aus den Eigenfunktionen zu berechnen[1]. Besonders wichtig ist aber der Rayleighquotient für die Anwendung der Variationsrechnung auf die Eigenwerttheorie, auf welche hier allerdings nicht eingegangen werden kann.

2. Das kreiszylindriche Rohr als Beispiel

Ein zylindrisches Rohr kreisförmigen Querschnitts (Modell A) kann man nach den vorausgegangenen Bemerkungen sinnvoll als die einfachste Gestalt des Ansatzrohres ansehen. An ihm möge der im vorhergehenden Abschnitt geschilderte Weg zur Berechnung der Resonanzfrequenzen demonstriert werden.

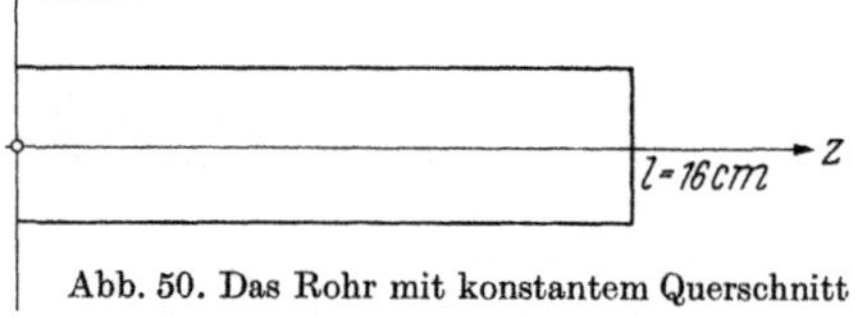

Abb. 50. Das Rohr mit konstantem Querschnitt

[1] Da $\sigma(z) > 0$ ist, sind die Eigenwerte, wie man unmittelbar erkennt, immer positiv.

Die Eigenwertaufgabe des Modells (Abb. 50) ist mit folgendem Gleichungssystem gegeben:

$$\begin{aligned} &\varphi'' + \lambda\varphi = 0 \\ &\varphi(o) = 0,\ \varphi'(l) = 0,\ l = 16\ \text{cm}. \end{aligned} \qquad \text{(V, 12)}$$

Bekanntlich sind sin $\sqrt{\lambda}\, z$ und cos $\sqrt{\lambda}\, z$ zwei linear unabhängige Lösungen der Differentialgleichung. Die allgemeine Lösung lautet demnach

$$\varphi(z, \lambda) = C_1 \sin \sqrt{\lambda}\, z + C_2 \cos \sqrt{\lambda}\, z. \qquad \text{(V, 13)}$$

Setzt man in diese Lösungsfunktion die erste Randbedingung $\varphi(o) = 0$ ein, so ergibt sich $C_2 = o$, wodurch sich die Lösung zu

$$\varphi(z, \lambda) = C_1 \sin \sqrt{\lambda}\, z \qquad \text{(V, 14)}$$

vereinfacht.

Die zweite Randbedingung fordert die Differentiation der Funktion (V, 14). Substitution von z durch l und Nullsetzen liefert schließlich die transzendente Gleichung für die Eigenwerte

$$\cos \sqrt{\lambda}\, l = o. \qquad \text{(V, 15)}$$

Da eine Kosinusfunktion für die Argumentwerte $\pi/2$, $3\pi/2$, $5\pi/2 \ldots$ gleich Null wird, folgt aus Gl. (V, 15)

$$\sqrt{\lambda_n}\, l = \frac{(2n-1)\pi}{2},\ (n = 1, 2, 3 \ldots). \qquad \text{(V,16)}$$

Es ist aber $\sqrt{\lambda} = 2\pi\nu/c$, und daher gilt für die Resonanzfrequenzen

$$\nu_n = \frac{(2n - 1)\,c}{4l},\quad (n = 1, 2, 3\ \ldots). \qquad \text{(V, 17)}$$

Man erkennt, daß die Resonanzfrequenzen nur von der Länge des kreiszylindrischen Rohres abhängen[1]. Für ein Rohr von 16 cm Länge erhält man nach Gl. (V, 17) folgende Werte für die drei ersten Resonanzfrequenzen:

$$\nu_1 = 540\ \text{Hz},\ \nu_2 = 1620\ \text{Hz},\ \nu_3 = 2700\ \text{Hz}..$$

Ihr Verhältnis ist harmonisch, d. h. jede höhere Eigenfrequenz ist ein ganzzahliges Vielfaches von ν_1:

$$\nu_n = (2n - 1)\nu_1. \qquad \text{(V, 18)}$$

Die zu diesen drei Eigenresonanzen gehörenden Eigenfunktion sind von der Form

$$\varphi_n = C \sin \frac{(2n - 1)\pi}{2l} z,\quad (n = 1, 2, 3, \ldots) \qquad \text{(V, 19)}$$

(eine graphische Darstellung siehe s. Abb. 51 a).

[1] Auf diesem Sachverhalt hatte WILLIS seine Vokaltheorie aufgebaut (siehe S. 7 ff.).

Um die Abhängigkeit der Resonanzfrequenzen von den Randbedingungen deutlich zu machen, betrachten wir zwei weitere Fälle: das an beiden Enden offene und das an beiden Enden geschlossene Rohr. Für den ersten Fall lauten die Randbedingungen

$$\varphi(o) = 0, \;\varphi\,(l) = 0 \tag{V, 20}$$

und für den zweiten Fall

$$\varphi'(o) = 0, \;\varphi'(l) = 0. \tag{V, 21}$$

a) Erster Fall

Aus der allgemeinen Lösung (V, 13) folgt unter Berücksichtigung der Randbedingungen (V, 20) sofort $C_2 = 0$. Die transzendente Gleichung für die Eigenwerte lautet

$$\sin \sqrt{\lambda}\, l = 0. \tag{V, 22}$$

Die Nullstellen einer Sinusfunktion liegen bei den Argumenten 0, π, 2π, 3π ... Man erhält demnach für die Eigenwerte bzw. Resonanzfrequenzen

$$\lambda_n = \frac{n^2\,\pi^2}{l^2} \quad , \quad \nu_n = \frac{n\,c}{2l} \quad , \quad (n = 1, 2, 3 \ldots). \tag{V, 23}$$

Hierbei ist zu beachten, daß $n = 0$ kein Eigenwert liefert, da der Rayleighquotient (V, 11) in diesem Falle die unbestimmte Form $\frac{0}{0}$ annimmt. Die Eigenfunktionen haben die Gestalt (Abb. 51 b)

$$\varphi_n = C \sin \frac{n\pi}{l} z \quad , \quad (n = 1, 2, 3 \ldots). \tag{V, 24}$$

Die Eigenwerte und Eigenresonanzen liegen wieder harmonisch:

$$\nu_n = n \cdot \nu_1 \quad , \quad (n = 1, 2, 3 \ldots). \tag{V, 25}$$

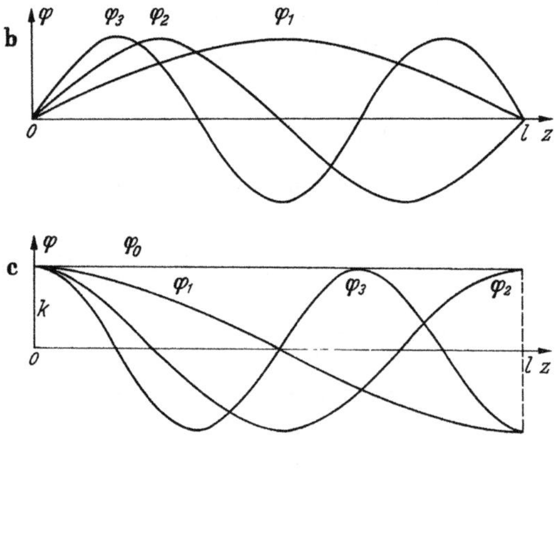

Abb. 51 a–c. Eigenfunktionen des kreiszylindrischen Rohres für folgende Randbedingungen:

a) $\varphi\,(0) = 0 \quad , \quad \varphi'\,(l) = 0$,
b) $\varphi\,(0) = 0 \quad , \quad \varphi\,(l) = 0$,
c) $\varphi'\,(0) = 0 \quad , \quad \varphi'\,(l) = 0$

b) Zweiter Fall

Nach Differentiation der allgemeinen Lösung (V, 13) erhält man durch die erste der Randbedingungen (V, 21) $C_1 = 0$. Die zweite Randbedingung liefert

$$\sin \sqrt{\lambda}\, l = 0. \tag{V, 26}$$

Dieses Ergebnis entspricht Gl. (V, 22). Zur näheren Bestimmung der Eigenwerte und Eigenresonanzen gelten die gleichen Überlegungen wie oben. Wir erhalten also ebenfalls

$$\lambda_n = \frac{n^2 \pi^2}{l^2} \quad , \quad \nu_n = \frac{nc}{2l} \quad , \quad (n = 0, 1, 2 \ldots) \tag{V, 27}$$

mit dem einen Unterschied, daß der erste Eigenwert bei $n = 0$ *liegt.* Der Rayleighquotient besitzt nämlich in diesem Falle einen bestimmten endlichen Wert, da die Eigenfunktionen die Form

$$\varphi_n = C \cos \frac{n\,\pi}{l} z \quad , \quad (n = 0, 1, 2 \ldots) \tag{V, 28}$$

annehmen (Abb. 51 c). Die erste Eigenfunktion ist allerdings wegen $\cos 0 = 1$ keine Kosinusfunktion, sondern eine Konstante. Da die erste Resonanzfrequenz Null ist, stellen sich die höheren Resonanzen als ganzzahlige Vielfache der zweiten dar:

$$\nu_n = n \cdot \nu_1 \tag{V, 29}$$

Ein Vergleich zwischen den drei betrachteten Randwertsystemen ergibt den bemerkenswerten Sachverhalt, daß ein an beiden Enden geschlossenes Rohr bei gleicher Ordnung jeweils die tiefste Resonanzfrequenz liefert, während aus einem an beiden Enden offenen Rohr jeweils die höchste Resonanzfrequenz resultiert. Die Resonanzen des an einem Ende geschlossenen und am anderen offenen Rohrs liegen zwischen den beiden Extremen:

$$\nu_n'' < \nu_n < \nu_n' \tag{V, 30}$$

(ν_n'': Resonanzfrequenzen des beidseitig geschlossenen Rohres; ν_n': Resonanzfrequenzen des beidseitig offenen Rohres; ν_n: Resonanzfrequenzen des einseitig geschlossenen Rohres.)

Außerdem zeigt ein Vergleich zwischen Gl. (V, 23) und Gl. (V, 28), daß die n-te Eigenfrequenz des beidseitig offenen Rohres gleich der $(n + 1)$-ten Eigenfrequenz des beidseitig geschlossenen Rohres ist:

$$\nu_n' = \nu_{n+1}''. \tag{V, 31}$$

Für die allgemeineren Randbedingungen

$$\begin{aligned} a\, \varphi'(o) + b\, \varphi(o) &= 0 \\ c\, \varphi'(l) + d\, \varphi(l) &= 0 \end{aligned} \tag{V, 32}$$

liegen die Resonanzfrequenzen *anharmonisch*. Die transzendente Gleichung lautet in diesem Falle

$$\operatorname{tg} \sqrt{\lambda}\, l = \frac{(ad - bc)\sqrt{\lambda}}{bd + ac\,\lambda}. \tag{V, 33}$$

Dieser Sachverhalt ist besonders im Hinblick auf die später zu diskutierende Erweiterung der Randbedingungen im Auge zu behalten.

3. Die Eigenschaften der Eigenfunktionen und Eigenwerte

Für die Eigenfunktionen φ_n und Eigenwerte λ_n der Horngleichung (V, 7) gelten einige Sätze, die für die Artikulationstheorie bedeutsam sind. Sie sind durchweg in der Mathematik schon lange bekannt; in der Akustik hat man sie bisher vor allem bei Problemen schwingender Saiten u. dgl. berücksichtigt. Wir geben zuerst die Theoreme und anschließend die phonetisch-akustischen Folgerungen.

Theorem I: Die Eigenfunktionen φ_n der Gl. (V, 7) bilden hinsichtlich der Querschnittsfunktion $\sigma(z)$ ein vollständiges, orthogonales Funktionensystem, d. h. es gilt

$$\int_0^l \sigma\, \varphi_i\, \varphi_k\, dz \quad \begin{cases} = 0 & \text{für } i \neq k \\ > 0 & \text{für } i = k. \end{cases} \tag{V, 34}$$

Theorem II: Die Eigenfunktionen φ_n können normiert werden, so daß für die normierten Eigenfunktionen φ_n^* gilt

$$\int_0^l \sigma\, \varphi_i^{*2}\, dz = 1. \tag{V, 35}$$

Die Normierung erreicht man durch die Beziehung

$$\frac{\varphi_i}{\varphi_i^*} = \left(\int_0^l \sigma\, \varphi_i^2\, dz \right)^{1/2}. \tag{V, 36}$$

Die φ_i^* bilden ein *orthonormiertes* Funktionensystem.

Theorem III: Ordnet man die Resonanzfrequenzen der Größe nach und ebenso die zugehörigen Eigenfunktionen:

$$\nu_0, \nu_1, \nu_2, \ldots, \nu_n, \ldots$$
$$\varphi_0, \varphi_1, \varphi_2, \ldots, \varphi_n, \ldots$$

so gilt der Satz: die Eigenfunktion φ_n besitzt im offenen Intervall $\langle o, l \rangle$, d. h. für $o < z < l$, genau n Nullstellen.

Theorem IV: Es gibt unendlich viele Eigenwerte und Eigenfunktionen. Diese Eigenwerte bilden ein diskretes Spektrum, welches im Endlichen keinen Häufungspunkt besitzt; sie sind im Falle der Horngleichung (V, 7) immer positiv und reell.

Gemäß den Relationen (III, 26) sind die Eigenfunktionen φ_n der zu einer Resonanzfrequenz gehörenden Druckverteilung im Rohr $p_n(z)$ direkt proportional. Da jedoch die Eigenfunktionen nur bis auf einen multiplikativen Faktor bestimmt werden, sind die Eigenfunktionen mit den Druckverläufen der Form nach identisch (hinsichtlich der physikalischen Dimension unterscheiden sie sich natürlich). Über die Oszillationen der stehenden Druckwellen $P_n(z, t)$ verschafft man sich leicht eine Vorstellung, wenn man bedenkt, daß dieser multiplikative Faktor entsprechend dem Produktansatz $\Phi(z, t) = \varphi(z) \cdot \psi(t)$ (siehe V, 1), als Sinoidalfunktion mit der Frequenz ν_n dargestellt werden kann

$$P_n(z, t) = A \sin 2\pi\nu_n t \cdot p_n(z). \qquad (V, 37)$$

Da die Nullstellen der spezifischen Druckwellen als Knotenpunkte während der Schwingung in ihrer Position auf der Achse verharren, er-

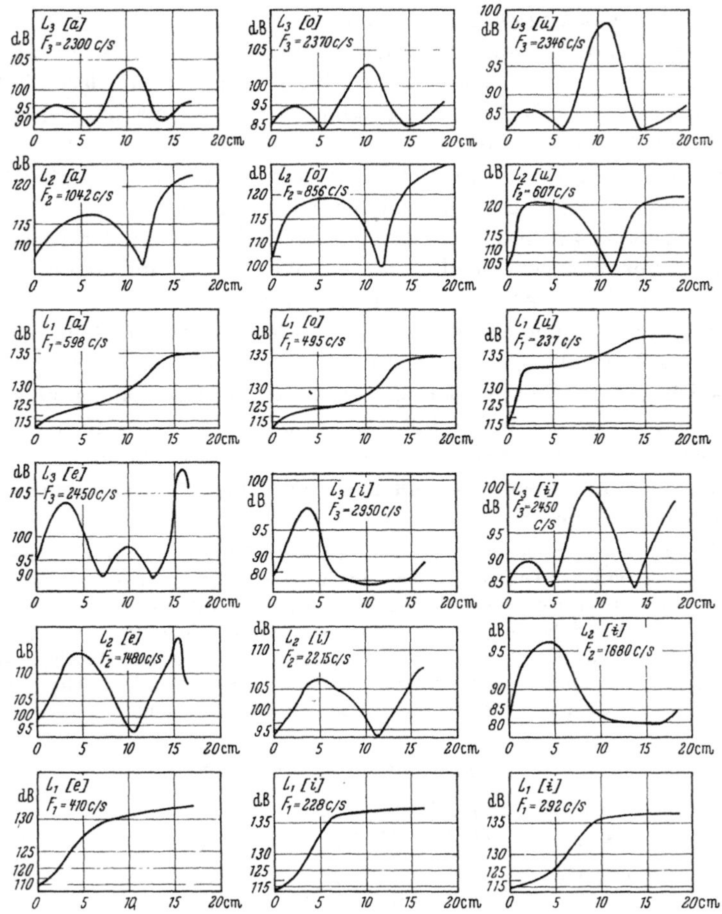

Abb. 52. Schalldruckkurven im Ansatzrohr für die ersten drei Formantfrequenzen von sechs Vokalen (nach FANT [1958, S. 216]). Die entsprechenden Querschnittsverläufe sind in Abb. 64 wiedergegeben

geben sich für die $P_n(z, t)$ Schwingungsverläufe, wie wir sie auf Abb. 51 durch „Momentaufnahmen“ der ersten drei Eigenfunktionen des kreiszylindrischen Rohres als Beispiel demonstrieren. Im Ansatzrohr selbst – wir nehmen an, daß es ein Ansatzrohr gibt, das unseren Voraussetzungen genügt – überlagern sich die Schwingungen der charakteristischen Druckfunktionen $P_n(z, t)$ zu einem komplexen Schwingungszug[1].

Aus den vier Theoremen leitet man nun folgende Eigenschaften der Druckverläufe und Resonanzfrequenzen ab:

1. Benachbarte Abschnitte der charakteristischen Druckverläufe $p_n(z)$, die durch eine Nullstelle voneinander getrennt sind, schwingen immer in entgegengesetzter Richtung.

2. Da gemäß Theorem III (siehe auch die Eigenfunktionen Abb. 33–39) der Druckverlauf für die erste Eigenresonanz innerhalb des Ansatzrohres keinen Knotenpunkt besitzt (nur am Rande für $z = o$ fordern die Randbedingungen eine Nullstelle), schwingt die Luftsäule im 1. Resonanzmodus en bloc immer in eine Richtung. Der Druckverlauf der 2. Eigenresonanz ist durch eine Nullstelle unterteilt, wodurch zwei Luftvolumina entstehen, die en bloc gegeneinander schwingen, usw.

3. Theorem III und IV sind die Basis zur Erklärung der artikulatorischen Erzeugung der Vokalformanten. Wir werden auf diesen Punkt in einem gesonderten Abschnitt eingehen (siehe S. 87 ff.).

4. Theorem I und II bilden die Grundlage dafür, daß sich jede beliebige Druckverteilung im Ansatzrohr (auch wenn man die Dämpfung berücksichtigt) als Summe der mit einem konstanten Faktor versehenen Eigenfunktionen darstellen läßt (Collatz, Ince, Kamke). Es handelt sich hierbei um eine Reihenentwicklung ähnlich der Fourierreihe und man spricht auch in diesem Zusammenhang von einer Fourierentwicklung im allgemeinen Sinne.

Für weitere Betrachtungen sind einige Vergleichstheoreme aus der Theorie der Sturm-Liouvilleschen Differentialgleichungen bedeutsam (siehe besonders Ince und Collatz (1945)). Die ersten beiden beziehen sich nicht auf unser Eigenwertproblem, sondern allein auf Eigenschaften der Horngleichung ohne Berücksichtigung der Randbedingungen. Der Inhalt der Sätze kann jedoch leicht auf die Eigenwertaufgabe angewandt werden. Zum besseren Verständnis siehe den 1. Abschnitt des Anhangs über die verschiedenen Schreibweisen der Horngleichung.

a) Erstes Vergleichstheorem

Gegeben seien zwei Differentialgleichungen

$$[K_1(z)\, u']' - G_1(z)\, u = 0, \quad [K_2(z)\, v']' - G_2(z)\, v = 0 \qquad \text{(V, 38)}$$

mit den Eigenschaften

$$K_1 \geq K_2 > 0, \quad G_1 \geq G_2, \quad 0 \leq z \leq l. \qquad \text{(V, 39)}$$

Außerdem gelte (mit den Abkürzungen $u(o) = a_1$, $u'(o) = a_1'$, $v(o) = a_2$, $v'(o) = a_2'$)

[1] Fant (1958) hat die Druckverläufe für die ersten drei Formantfrequenzen von sechs Vokalen im Ansatzrohr ausgemessen. Sie sind auf Abb. 52 wiedergegeben. Man erkennt leicht die Abhängigkeit der Zahl der Nulldurchgänge von der Ordnungszahl der Formanten. Man muß jedoch berücksichtigen, daß bei der Messung nur positive Schalldruckwerte registriert wurden. Hierüber gibt ein Vergleich dieser gemessenen mit den berechneten Kurven auf S. 85 ff. des Fantschen Werkes Aufschluß.

1. a_1, a_1' bzw. a_2, a_2' sind nicht zugleich Null.

2. Wenn $a_1 \neq 0$, dann ist $\frac{K_1(0)a_1'}{a_1} \geq \frac{K_2(0)a_2'}{a_2}$, was $a_2 \neq 0$ impliziert.

3. $G_1 \not\equiv G_2 \not\equiv 0$ in einem endlichen Teil von (o, l).

Mit diesen Voraussetzungen gilt der Satz: *Hat $u(z)$ im Intervall $0 \leq z \leq l$ m Nullstellen, so hat $v(z)$ im gleichen Intervall ebenfalls mindestens m Nullstellen, und eine beliebige n-te Nullstelle von $v(z)$ liegt näher bei Null als die entsprechende n-te Nullstelle von $u(z)$.*

b) Zweites Vergleichstheorem

Sei c ein Punkt im Intervall (o, l), welcher keine Nullstelle von $u(z)$ oder $v(z)$ ist. *Wenn c so liegt, daß im Intervall (o, c) gleichviel Nullstellen von $u(z)$ und $v(z)$ liegen, dann gilt die Ungleichung*

$$\frac{K_1(c)\,u'(c)}{u(c)} > \frac{K_2(c)\,v'(c)}{v(c)}\,. \tag{V, 40}$$

Eine kontinuierliche Verkleinerung der Koeffizientfunktionen $K(z)$ und $G(z)$ der Differentialgleichung bewirkt also, daß sich der Ausdruck $\frac{K(z)\,u'(z)}{u\,(z)}$ an jeder Stelle des Intervalls, die ursprünglich keine Nullstelle war, solange verringert, bis diese eine Nullstelle von $u(z)$ wird. Diese Interpretation des Satzes ist deswegen bedeutsam, weil der Ausdruck $\frac{\varphi}{\sigma\varphi'}$ mit dem akustischen Widerstand des Ansatzrohres identisch ist (Anhang S. 101).

Für die Abhängigkeit der Eigenwerte von den Koeffizientfunktionen läßt sich ebenfalls ein Vergleichstheorem formulieren. Wir gehen aus von der Differentialgleichung

$$y'' + [q(z) + \lambda\, p(z)]\, y = 0 \tag{V, 41}$$

welche für $p(z) \equiv 1$ in die Liouvillesche Normalform und für $q(z) \equiv 0$ in die zweite Normalform (siehe Anhang) der Websterschen Horngleichung übergeht.

Es seien weiterhin irgendwelche Randbedingungen gegeben, aus denen zusammen mit (V, 41) Eigenwerte resultieren. Der Betrag dieser Eigenwerte bzw. die Lage der Eigenresonanzen hängt vom Verlauf der Funktionen $q(z)$ und $p(z)$ ab.

c) Vergleichstheorem für Eigenwerte

Gilt für zwei Funktionen $q(z)$ und $q^*(z)$ von (V, 41) bei gleichbleibendem $p(z)$ und gleichbleibenden Randbedingungen die Ungleichung

$$q(z) > q^*(z) \tag{V, 42}$$

oder gilt für zwei Funktionen $p(z)$ und $p^*(z)$ von (V, 41) bei gleichbleibendem $q(z)$ und gleichbleibenden Randbedingungen die Ungleichung

$$p(z) > p^*(z), \tag{V, 43}$$

so stehen jedesmal die Eigenwerte bzw. Resonanzfrequenzen in der Beziehung

$$\lambda_n < \lambda_n^*. \tag{V, 44}$$

Aus diesem Theorem läßt sich eine Abschätzung der Resonanzfrequenzen ableiten.

4. Die Formanten und das ungeteilte Ansatzrohr
Besprechung neuerer Arbeiten

Es erscheint an dieser Stelle angebracht, die bisherigen Resultate des Kapitels unter phonetischen Gesichtspunkten zusammenzufassen und zu interpretieren. Vor allem können wir als Hauptsatz unserer Ergebnisse dies herausstellen: *die Gesamtheit der Formanten eines Vokals, und seien es auch noch so viele, haben ihren Ursprung im Resonanzmechanismus des Ansatzrohres als Ganzes, genauer formuliert, im Resonanzmechanismus der ganzen vom Ansatzrohr umschlossenen Luftsäule.*

Seit HELMHOLTZ gilt in der Phonetik die Vorstellung, daß das Ansatzrohr bei der Vokalartikulation durch eine Stelle kleinsten Querschnitts, den „Artikulationspunkt", in zwei Räume (Rachen- und Mundhöhle) geteilt wird, von denen jeder einen der beiden Hauptformanten erzeugt. Solange man überhaupt nur zwei Formanten kannte, erklärte diese Theorie ohne Schwierigkeit die Vokalgenese. Mathematisch behandelte man die Artikulation in Anlehnung an die Theorie der gekoppelten Resonatorensysteme, wobei das Ansatzrohr etwa in der Form, wie es Abb. 53 zeigt, betrachtet wurde.

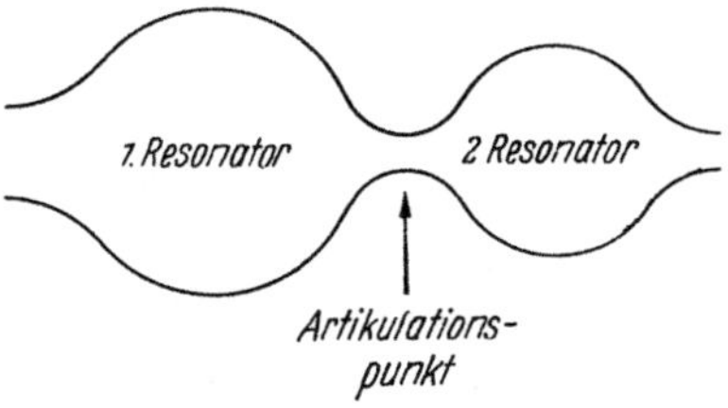

Abb. 53. Das herkömmliche Resonatorensystem des Ansatzrohres

Charakteristisch für diese Auffassung ist die Bemerkung von ESSNER:

„Par ailleurs il est classique de considérer la cavité supralaryngienne comme un couple de deux cavités, antérieure et postérieure, communiquant entre elles par un conduit étroit figurant l'étranglement du point d'articulation. Ces deux cavités forment deux résonateurs acoustiques."

Die Entwicklung der Röntgentechnik erlaubt heute genaue Angaben über das Vorhandensein von Konstriktionen im Artikulationsorgan. Aus den Röntgenbildern erkennt man aber – im Gegensatz zu der klassischen Artikulationstheorie der Vokale – eine nur vage Übereinstimmung des Ansatzrohres mit einem System zweier Resonatoren. Für die Vokale [u], [o] und [ɔ] trifft diese Betrachtungsweise noch am ehesten zu. Jedoch bei einem [i] z. B. ist der orale Teilraum *insgesamt* enger als der pharyngale. (HELMHOLTZ [S. 166] spricht von einem flaschenförmigen Gebilde), und die Vokale [a] und [æ] werden mit einem trichterförmigen Rohr artikuliert. Allgemein kann man sagen, daß die Konstriktionen in den meisten Fällen nur sehr flache Minima der Querschnittsverläufe bilden, ein Sachverhalt, welchen man auch an den nach Röntgenbildern schematisch skizzierten Ansatzrohrlängsschnitten von CHIBA und KAJIYAMA verifizieren kann. RUSSELL (1929) kommt daher zu dem Schluß:

„On the other hand, I want to call your attention to the fact, that many of the vowels are regularly manifest in different subjects with cavities which can hardly be considered as dual. And, curiously enough, these are found among the front vowels, which have been considered by all investigators as having two characteristic „resonances." Fig. 4 is typical. The cavity is essentially all one, from the exit of the sound at the epiglottis right out to the teeth, and it would be only with a far tretch of imagination that one could see how two cavities could be read into such a photograph, yet this Fig. 4 is for the vowel I (in ‚pip'). This same single cavity is manifest for the vowel E (in ‚pep') . . ."

Um Mißverständnisse zu vermeiden, fügen wir hinzu, daß mittels eines akustischen oder elektrischen Resonatorensystems zweifellos ein Vokal synthetisch nachgebildet werden kann. Dies ist jedoch kein Beweis dafür, daß die vokalische Artikulation in dieser Weise funktioniert.

Da die Partialraumtheorie der Vokalartikulation aus ihren Voraussetzungen nur zwei Formanten mathematisch ableiten konnte, geriet sie in dem Augenblick in Schwierigkeiten, als die oberhalb der Hauptresonanzzen liegenden Formantgebiete entdeckt wurden. Es entstand das Problem, die neuen Resonanzen theoretisch zu erklären. 1956 (!) schreibt Hala:

„A quelle impulsion ces résonances doivent-elles leur naissance? Voilà une question difficile à résoudre. On pourrait les attribuer à une petite cavité se formant au point où la langue s'approche le plus étroitement de la voûte palatine. Par contre il serait également loisible de penser non pas à des sons propres de la dite cavité, mais plutôt à des bruits provoqués par le frottement de l'air expiratoire contre ses parois." (S. 49)

„A coté des résonances supérieues il faut signaler en outre les résonances de haute fréquence . . . Quelle est l'origine de ces frequences? Loin d'y voir l'effet d'une membrane inscriptrice ou reproductrice (car je les ai découvertes aussi par des procédés où l'on ne se sert point de membrane), je suis plutôt enclin à supposer qu'elles sont produites par le frottement de l'air phonateur contre les incisives." (S. 50/51)

Vor Hala versuchte Sovijärvi die höheren Formanten durch ein System von Partialräumen im Ansatzrohr zu erklären. Hier stimmen wir mit Fant überein, der schreibt [(1960), S. 113, Fußnote)]:

„The extreme example of an intuitive construction of formant-cavity affiliations, in part compiled from earlier suggestions in the literature, is the physiological classification system of Sovijärvi (1938) envolving a large number of formants and corresponding subcavities or regions within the vocal tract (seven variable and eleven fixed.) Parts of this system are a product of imagination and imcomplete acoustic theory . . ."

Neuerdings hat Husson eine akustische Vokaltheorie entwickelt. Er stützt sich dabei auf die sachlich korrekten Ausführungen von Rocard. Ausgangspunkt der Überlegungen von Husson ist die „theorie générale des pavillons", die nichts anderes ist als die Theorie der Websterschen Horngleichung. Er kommt zu dem Schluß, daß es im Spektrum der Vokale ein Gebiet der „Beschneidungsfrequenz" (1959) (fréquence de coupure) etwa zwischen 2300 und 2500 Hz gibt. Unterhalb derselben bilden Mundhöhle und Rachenhöhle je einen Formanten aus. In diesem Bereich der Hauptformanten – es sind immer zwei – gibt es innerhalb des Ansatzrohres keine Wellenfortpflanzung, die Luftsäule schwingt en bloc. Oberhalb dieser Einschnittfrequenz gibt es zwar geringe Energiekonzentrationen; sie sind aber nicht durch Resonanzen des Ansatzrohres hervorgerufen, sondern bereits im Phonationsschall enthalten und werden lediglich vom Eingang an den Ausgang übertragen. HUSSON hat besonders zwei solcher uneigentlicher Formanten oberhalb der Einschnittfrequenz festgestellt und schreibt dazu:

„Les deux constituants les plus importants compris entre 2500 et 3500 cycles ont parfois reçu les noms de ‚troisième et quatrième formants'; cette terminologie est impropre, car ces constituants sont sans rapports avec la couleur vocalique: d'un sujet à l'autre, ils varient pour une même voyelle, et, si on les supprime, celle-ci n'est pas changée; ce sont simplement des constituants déjà importants dans la fourniture laryngée initiale, peu modifiés par la transmission pharyngobuccale."

Abgesehen von den akustischen Unstimmigkeiten und der Tatsache, daß aus psychischen Gegebenheiten der Wahrnehmung (Beitrag der höheren Formanten zur Vokalfarbe) nicht auf den Artikulationsmechanismus geschlossen werden kann, ist zu dieser Vokaltheorie folgendes zu sagen. Die Ausführungen ROCARDs, auf die sich HUSSON zur Definition seiner „fréquence de coupure" beruft, behandeln den besonderen Fall eines *exponentiellen Querschnittsverlaufs des Rohres.* Die Lösung der Horngleichung nimmt in diesem Falle eine sehr einfache Form an, die leicht erkennen läßt, für welche Frequenz der ortsabhängige Anteil, d. h. die Druckwelle entlang der Rohrachse oszillatorischen Charakter, d. h. einen Verlauf mit Nullstellen bekommt. ROCARD betrachtet ein unendlich langes Rohr und läßt Randwertbedingungen beiseite. Ein Eigenwertproblem taucht bei ihm gar nicht auf. Dem Sinne nach handelt es sich aber bei der genannten „Einschnittfrequenz" um nichts anderes als um die erste Eigenresonanz des Rohres. Denn in diesem Falle schwingt die Luftsäule tatsächlich en bloc, bei allen anderen Frequenzen, die darüber liegen – wie wir oben gesehen haben – nicht mehr.

Die Einschnittfrequenz, die HUSSON zu finden glaubte, ist daher irreal. In Wirklichkeit entspricht der „frequence de coupure" eines Exponentialrohres bei ROCARD die erste *Formantfrequenz.* Schon bei der zweiten Formantfrequenz schwingt die Luftsäule des Ansatzrohres nicht mehr en bloc, sondern in zwei Hälften gegeneinander. Außerdem verläuft das Ansatzrohr eben nicht exponentiell. Die auf einem Mißverständnis beruhende Theorie von HUSSON ist ein letzter Versuch, die alte Anschauung zweier gekoppelter Resonatoren des Ansatzrohres zu retten.

Den tatsächlichen Verhältnissen kommt dagegen JOOS sehr nahe:

„The third and higher resonance bands seen on spectrograms would consistently be ascribed to minor side chambers or to irregularities in the main chambers. Unfortunately the mathematical theory will not allow this . . . Instead, each formant or resonating frequency is a *mode of oscillation* of the whole throat-and-mouth tract, and our attempt dissection of the tract into two independent resonators is at best a good foundation for believing that there must be at least three such modes.“

Während Joos bei dieser Bemerkung stehen bleibt, geht DUNN weiter und ersetzt die alte Resonatorenmethode durch eine neue Betrachtungsweise. Er erkennt, daß man den akustischen Vorgängen im Ansatzrohr nur gerecht wird, wenn man Eigenschwingungen, wie sie bei zylindrischen Rohren auftreten, in Rechnung zieht. Daher approximiert er das Ansatzrohr durch vier aneinandergesetzte Rohre (Abb. 6) und berechnet sie mit Hilfe der Theorie elektrischer Vierpole. Allerdings werden die Ergebnisse dadurch verdunkelt, daß er in traditioneller Weise festzustellen versucht, in welchen Hohlräumen die verschiedenen Formanten ihren Ursprung haben. So schreibt er vom 3. Formanten

„The third formant can usually be described as the second resonance of the longer cavity.“

Hat DUNN auch die Resonatorentheorie überwunden, so bleibt er in diesem Punkte doch älteren Vorstellungen verhaftet. Der Einfluß elektrotechnischer Betrachtungsweisen ist nicht zu übersehen.

Auch die beiden japanischen Forscher CHIBA und KAJIYAMA hatten erkannt, daß ein System zweier gekoppelter Resonatoren nur eine sehr grobe Annäherung an die wirklichen Verhältnisse sein kann. In Kapitel XI ihres Buches „The vocal cavity as a non-uniform pipe“ (S. 145ff.) kommen sie unseren eigenen Ergebnissen sehr nahe. Sie vergleichen das Zustandekommen der höheren Formanten mit dem Vorhandensein von Resonanzen ähnlich denen in einem zylindrischen Rohr. Um so erstaunter liest man dann die Bemerkung (S. 147):

„From this it may appear that for an adult each vowel has five resonances below 4000 cycles, *including the larynx resonance* (R_e)[1].“

Zu welchem Zwecke hier eine Larynxresonanz eingeführt wird, so als ob es nur vier Eigenresonanzen des Ansatzrohres gäbe, zu denen eine hinzukommt, die ihren Ursprung in der Laryngalhöhle hat, ist nicht einzusehen. Auch bei anderen Äußerungen der Verfasser zeigt es sich, daß sie von dem Resonatorenmodell nicht ganz loskommen. Ein großer Schritt vorwärts war allerdings die erstmalige Verwendung der Websterschen Horngleichung in der Artikulationstheorie. Wenn auch der akustische Vorgang noch nicht mathematisch richtig als Eigenwertproblem erscheint und die Gleichung nur verwendet wird, um zu gemessenen Resonanzfrequenzen von Modellen die Schalldruckverläufe zu berechnen, so bedeutet dies doch einen erheblichen Fortschritt gegenüber den älteren Betrachtungsweisen.

[1] Hervorhebung von uns.

FANT vervollkommnet und beendet in seinem umfangreichen Werk (1958, 1960) die von DUNN und CHIBA/KAJIYAMA begonnene Arbeit. Klar erkennt er die Mängel der älteren Volkaltheorien. Auf S. 20 seines Buches führt er beispielsweise aus, wie von dem System zweier Resonatoren in der akustischen Theorie der Vokalartikulation lange Zeit Gebrauch gemacht wurde und fügt hinzu:

„One of the purposes of the present publication is to show the considerable limitations of this rule and to provide a sounder foundation for the physiological interpretation of the vocal resonances." (S. 20/21)

Beim Studium des Fantschen Buches erhält man allerdings an einigen Stellen den Eindruck, daß zwei Probleme miteinander vermischt werden. Das eine, das wir als ein Scheinproblem ansehen, lautet: wo im Ansatzrohr werden die einzelnen Formanten erzeugt? – und das andere: welche Formanten variieren am stärksten, wenn gewisse Teile des Ansatzrohres verändert werden? Die zweite Frage ist durchaus berechtigt, die Schlußfolgerungen jedoch, die im allgemeinen aus den Antworten gezogen werden, falsch. Im Zusammenhang mit einer [i]-Konfiguration des Ansatzrohres stellt FANT z. B. folgendes fest (S. 105):

„The effect of reducing the area at the bottom of the tube so that a terminating tube of 2 cm length and 2 cm^2 area simulating the larynx tube is created, is to increase the density of poles in the frequenca regien of 3000–5000 c/s by the introduction of one additional pole and a slight readjustment of the locations of adjacent poles. There is thus some sense in affiliating F_4 with the larynx tube resonance as has been proposed by Sovijärvi (1938 a, b), and Chiba and Kajiyama (1941)."

Daß F_4 (aber auch alle höheren Formanten) durch die beschriebene Änderung am Ansatzrohr sich bewegen, die unteren Formanten dagegen unbeeinflußt bleiben, ist aus unserer Theorie unmittelbar einleuchtend. Wenn man hieraus aber schließt, daß der Laryngalraum den 4. Formanten *hervorbringt*[1], so entbehrt dieser Schluß jeder physikalischen Grundlage. Das gleiche gilt für andere „Abhängigkeitsbetrachtungen" zwischen Teilen des Ansatzrohres und gewissen Formanten. Betrachtungen dieser Art treten bei den meisten Autoren auf, die bisher über artikulatorische Probleme geschrieben haben.

Zum Vergleich seien die Resultate der in diesem Buche vorgetragenen Theorie in folgende Sätze zusammengefaßt:

1. Die schwingende Luftsäule des Ansatzrohres muß als ganzes, einheitliches Gebilde analysiert werden.

2. Zu jeder Resonanzfrequenz der ganzen Luftsäule, d. h. des Ansatzrohres – es gibt deren „beliebig" viele – gehört eine Eigenfunktion, die dem für diese Schwingung geltenden örtlichen Schalldruckverlauf entspricht.

[1] Aus der Fantschen Formulierung geht nicht eindeutig hervor, ob der Larynxraum wirklich als erzeugender Resonator für F_4 angenommen wird. Das verwendete Verbum „to affiliate" läßt mehrere Übersetzungen zu. Immerhin scheint die angedeutete Interpretation möglich.

3. Die Resonanzfrequenzen werden durch den Querschnittsverlauf und nicht durch die Teilvolumina des Ansatzrohres bestimmt. Zur Berechnung können allerdings näherungsweise Teilvolumina herangezogen werden.

4. Jede Resonanzfrequenz des ganzen Ansatzrohres erzeugt einen Formantbereich im Vokalspektrum.

5. Zur Frage der artikulatorischen Kompensation; Formantvariationen bei gestalterhaltenden Veränderungen des Ansatzrohres

Als artikulatorische Kompensation (oder auch kompensatorische Artikulation) bezeichnet man den Sachverhalt, daß mit verschiedenen Formen des Ansatzrohres dieselben Formantfrequenzen erzeugt werden können.

Eine Möglichkeit artikulatorischer Kompensation ergibt sich unmittelbar aus der besonderen Gestalt der Koeffizientenfunktion $\frac{\sigma'}{\sigma}$ der Horngleichung (V, 6). Ersetzt man nämlich $\sigma(z)$ durch $K \cdot \sigma(z)$, wobei $K > 0$ eine konstante Zahl ist, so erhält man, da ein Faktor bei der Differentiation als Faktor erhalten bleibt, die Identität

$$\frac{K \cdot \sigma'}{K \cdot \sigma} \equiv \frac{\sigma'}{\sigma} \qquad \text{(V, 45)}$$

woraus sich ergibt, daß zu $K \cdot \sigma(z)$ die gleichen Eigenwerte gehören wie zu $\sigma(z)$, solange die Querschnittsfunktion $K \cdot \sigma(z)$ mit den Gültigkeitsbedingungen der Horngleichung verträglich ist.

Phonetisch bedeutet diese Invarianz der Eigenwerte, daß eine gewisse Schar von Querschnittsfunktionen, d. h. von Ansatzrohrformen, den gleichen Vokal erzeugt. Auf Abb. 54 sind als Beispiel drei Querschnittsverläufe einer solchen Invarianzklasse skizziert.

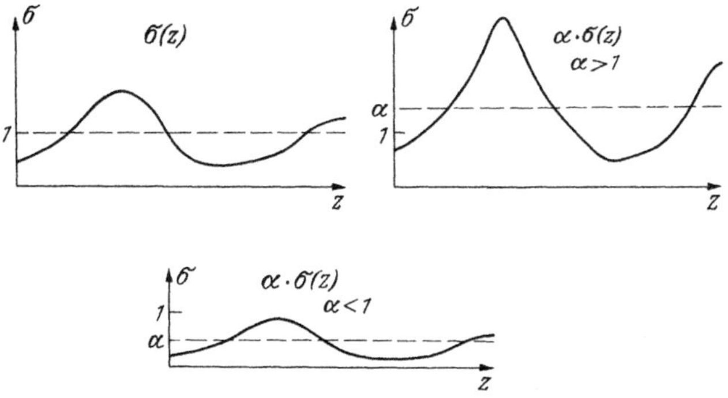

Abb. 54. Beispiel dreier Querschnittsverläufe mit denselben Eigenwerten

Bei der Artikulation eines Vokals sind demnach nicht die absoluten Ordinaten der Querschnittsfunktion, die absolute Fläche der Querschnitte, sondern nur deren gegenseitige Verhältnisse bedeutsam. Ist nämlich beispielsweise ein Verlauf $K \cdot \sigma(z)$ gegeben, dann gilt für den Quotienten zweier beliebigen Ordinaten $K \cdot \sigma(z_1)$ und $K \cdot \sigma(z_2)$ die Beziehung

$$\frac{K\,\sigma(z_1)}{K\,\sigma(z_2)} \equiv \frac{\sigma(z_1)}{\sigma(z_2)} \tag{V,46}$$

welche von K unabhängig ist.

Es soll nun untersucht werden, was geschieht, wenn nicht die Querschnittfunktion, sondern nur die Veränderliche z der Rohrachse mit einem konstanten Faktor multipliziert wird. Hierbei handelt es sich also um eine Substitution der Veränderlichen z durch die neue Veränderliche $kz = \zeta$. Dies bedeutet eine Vergrößerung oder Verkleinerung des Ansatzrohrvolumens je nachdem ob k kleiner oder größer als Eins ist. Die Einführung der neuen Variablen impliziert eine „Ähnlichkeitstransformation" des Ansatzrohres: es ändern sich nur die linearen Abmessungen, die Gestalt bleibt erhalten. Die ursprüngliche Länge l des Ansatzrohres geht in die Länge $\bar{l} = kl$ über. Es ließe sich zugleich mit der Verlängerung oder Verkürzung auch eine Veränderung jeder Querschnittsfläche entlang der Achse um einen konstanten Faktor (etwa um k^2) denken, doch ist eine solche Veränderung nach dem obigen Ergebnis für die Lösungen der Differentialgleichung irrelevant. Die Ähnlichkeitstransformation wird also eindeutig beschrieben durch die Substitution

$$\zeta = kz. \tag{V, 47}$$

Die Eigenwerte und Resonanzfrequenzen seien uns nicht durch die Horngleichung (V, 6), sondern durch deren Normalform (siehe Anhang S. 100) gegeben. Wegen der hierzu notwendigen Substitution sind die Randbedingungen

$$\varphi(o) = 0 \quad , \quad \varphi(l^*) = 0 \quad , \quad l^* = \int_0^l \frac{dz}{\sigma(z)} \tag{V, 48}$$

zu berücksichtigen. Ersetzt man in der Normalform (15) die ursprüngliche Variable z durch die neue Variable $\zeta = kz$, so erhält man die Gleichung

$$\varphi'' + \lambda\, k^2\sigma^2\, \varphi = 0. \tag{V, 49}$$

Unter Anwendung des Vergleichstheorems für Eigenwerte (siehe S. 79) liefert ein Vergleich von Gl. (V, 49) mit Gl. (15) folgendes Ergebnis.

Da $\sigma^2 > 0$, gilt

$$k^2\sigma^2 \begin{cases} > \sigma^2 \text{ für } k > 1 \\ < \sigma^2 \text{ für } k < 1. \end{cases} \tag{V, 50}$$

Mit der Bezeichnung λ_n^* für die Eigenwerte des transformierten Ansatzrohres erhält man also:

$$\lambda_n^* \begin{cases} < \lambda_n \text{ für } \quad k > 1 \text{ (Verlängerung)} \\ > \lambda_n \text{ für } \quad k < 1 \text{ (Verkürzung).} \end{cases} \tag{V, 51}$$

Dieses Ergebnis erklärt den Sachverhalt, daß bei Frauen und Kindern die Formanten höher liegen als bei Männern. Cum grano salis kann man annehmen, daß die weiblichen Artikulationsräume im Vergleich zu den männlichen gestalterhaltend verkürzt sind. Das gleiche Verhältnis besteht zwischen den Artikulationsräumen der Kinder gegenüber denen bei Frauen. Eine verkürzende Ähnlichkeitstransformation bedeutet aber, daß der Faktor k kleiner als Eins ist: $k < 1$. Aus Gl. (V, 51) ersieht man unmittelbar, daß in diesem Falle die Eigenwerte sich erhöhen.

6. Der Aufbau des Vokalsystems

In Abschnitt V, 2 behandelten wir das akustische Verhalten eines kreiszylindrischen Rohres. Ein solches Rohr besitzt einen konstanten Querschnittsverlauf entlang der Achse, eine Eigenschaft, die der Stellung der Artikulationsorgane bei der Produktion eines Schwalautes [ə] sehr ähnlich ist. Nimmt man die oben berechneten ersten drei Resonanzen des zylindrischen Rohres von 540 Hz, 1620 Hz und 2700 Hz als Formantfrequenzen eines idealisierten Vokals, so erkennt man, daß dieser Vokal genau im *Zentrum des Vokalbereichs* liegt. Bezeichnen wir als „Variationsbreiten der Formanten" diejenigen Frequenzintervalle, welche die realisierbaren Formantfrequenzen gleicher Ordnung umfassen, dann besetzt dieser Vokal für jeden Formanten die zentrale Position der Variationsbereiche (Abb. 55).

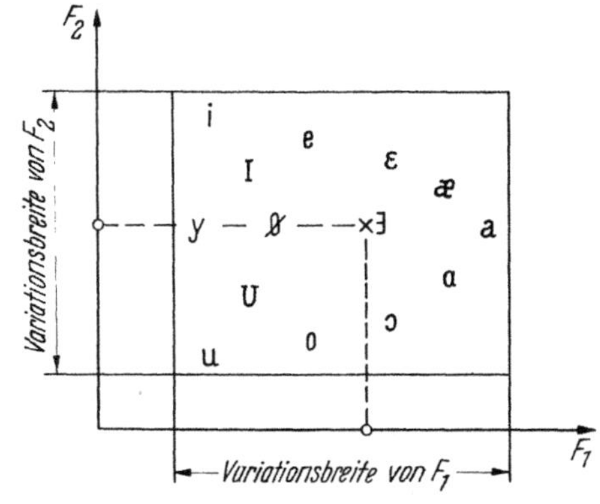

Abb. 55. Die Variationsbereiche der Formanten und der idealisierte Neutralvokal

Wir bilden daher aus den drei genannten Frequenzen als Formanten[1] ein *idealisiertes Schwa*, symbolisieren es mit dem Zeichen [ɘ][2] und setzen es als „Mitte" und „Ursprung" des akustischen Systems der Vokale. Dies bedeutet allerdings nicht, daß wir in dem Hellwagschen Satz „princeps vocalium est [a]" nun das [a] durch das [ɘ] ersetzten. Mit

[1] Man kann natürlich noch mehr Formanten hinzunehmen. Nach der Beziehung $\nu_n = (2n - 1)\nu_1$ erhielte man für den 4. und 5. Formanten: $\nu_4 = 3780$ Hz, $\nu_4 = 4860$ Hz.

[2] Fant (1956) nimmt ein mit den Formanten 500 Hz, 1500 Hz und 2500 Hz definiertes Schwa [ɘ] als Ausgangspunkt seiner Experimente zur Frage der „predictability of formant levels and spectrum envelopes from formant frequencies". Diesem Vokal entspricht eine Ansatzrohrlänge von 17,6 cm.

Rapp begründen wir vielmehr das [ə] als „Mitte“ durch den Erfahrungssatz:

„... er wird derjenige Laut sein, um den die anderen, die entwickelten Vokale, bei erlahmender Produktionskraft zurücksinken; denn wenn es einen solchen Rückfall der entwickelten Pole gibt, so ist notwendig in ihm die Indifferenz gefunden. Dieser Laut läßt sich in allen lebenden Sprachen aufs leichteste nachweisen.“

Und ebenfalls mit Rapp setzen wir das [ə] als „Ursprung“, indem wir eindeutig feststellen:

„Wenn wir ... aus dem Urlaut die ... Vokale ... hervorgehen lassen, so ist dies nicht ein organischer Prozeß, sondern ein *theoretisches Axiom.*“ Betrachtet man das Vokalsystem eines einzelnen Sprechers und nicht dasjenige einer Nationalsprache oder eines Dialekts, dann wird man als Länge des Ansatzrohres nicht die global gemittelten 16 cm, sondern die individuellen Dimensionen des vorgegebenen Artikulationsorgans berücksichtigen. Damit wandelt sich aber die Position des Schwa [ə] in ein Charakteristikum, das ein individuelles Vokalsystem in ähnlicher Weise kennzeichnet wie der von Joos eingeführte Begriff „Artikulationsbasis“ (dieser Terminus darf nicht mit der alten phonetischen Bezeichnung „Artikulationsbasis“ als der „Grundhaltung der Organe beim Sprechprozeß“ (Sievers) verwechselt werden, wenngleich beide Begriffe miteinander in Beziehung stehen). Joos bestimmt ihn als Schwerpunkt des Vokaldreiecks u-i-a mit über den Streubereich gemittelten Eckvokalen. Es leuchtet unmittelbar ein, daß dieser Punkt des Vokalsystems gleichförmig mit dem individuellen [ə] variiert.

Der Aufbau des Vokalsystems aus den Formanten des Schwa [ə] geschieht im artikulatorischen Bereich dadurch, daß man einer Querschnittsfunktion $\sigma_0(z) = \text{const}$ die für den jeweiligen Vokal charakteristische Abweichung $\Delta\sigma(z)$ zufügt, d. h. man bildet[1]

$$\sigma(z) = \sigma_0 + \Delta\sigma(z)\,. \qquad (V, 52)$$

Zu jedem $\Delta\sigma(z)$ gehören Veränderungen ΔF_n der Formanten des Schwa [ə], und *dieser Zusammenhang zwischen dem artikulatorischen und akustischen Feld wird nach dem Hauptresultat unserer Untersuchung durch die Webstersche Horngleichung beschrieben;* sie muß daher die ΔF_n als Lösungen enthalten. Da sich die Horngleichung nur schwer lösen läßt, greifen wir zur sog. *Störungsrechnung*, eine Näherungsmethode, die in der Quantenphysik bei mathematisch ähnlich gelagerten Fällen (eindimensionale Schrödingergleichung) mit Erfolg angewendet wird und die nicht nur gestattet, das Vokalsystem aus dem [ə] aufzubauen, sondern auch über die Zahl der Freiheitsgrade des Ansatzrohres bei Kennzeichnung der Vokale durch die drei ersten Formanten Auskunft gibt.

Wir beschränken uns darauf, die *Änderungsrichtung* der Formanten zu bestimmen; grundsätzlich kann jedoch auch der *Betrag der Frequenz-*

---

[1] Wegen Gl. (V, 45) wäre auch möglich: $\sigma = 1 + \Delta\sigma$; siehe Anhang S. 105.

änderung mit beliebiger Genauigkeit approximiert werden. Zur deutlichen Klassifikation der Ableitungswege der Vokale legen wir den Nullpunkt der Formantkoordinaten in den „theoretischen Ursprung“ [ɘ] des Vokalsystems und bezeichnen die Vokale der einzelnen Quadranten nach ihren darin exponiertesten Exemplaren (Abb. 56): [æ]-Vokale, [i]-Vokale, [u]-Vokale und [a]-Vokale.

Bezeichnen wir die Frequenzänderungen der 1. und 2. Formanten mit $\pm\, \Delta F_{1,2}$ dann lassen sich die Vokale der einzelnen Quadranten in folgender Weise charakterisieren:

[æ]-Vokale: $+\, \Delta F_1,\ +\, \Delta F_2$
[i]-Vokale: $-\, \Delta F_1,\ +\, \Delta F_2$
[u]-Vokale: $-\, \Delta F_1,\ -\, \Delta F_2$
[a]-Vokale: $+\, \Delta F_1,\ -\, \Delta F_2$

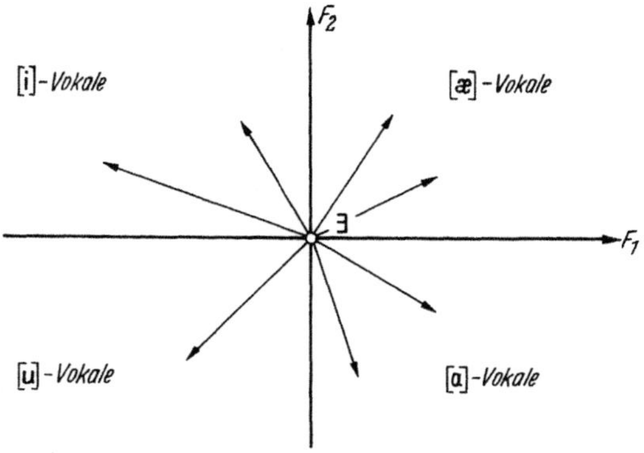

Abb. 56. Das neue Koordinatensystem der Vokale mit dem [ɘ]-Vokal als Ursprung. Die Pfeile symbolisieren die „Ableitungswege“ der Vokale aus dem Nullpunkt [ɘ]

Das Prinzip der Störungsrechnung werden wir im Anhang näher erläutern. Hier genügt uns das dort abzuleitende Resultat, daß die 1. Näherungen $\lambda_n^{(1)}$ der zu den ΔF_n gehörigen Eigenwerte, auf die es uns hier hauptsächlich ankommen soll, in dem Ausdruck

$$\lambda_n^{(1)} = -\frac{(2n-1)^2\pi^2}{2l^3\,\sigma_0} \int_0^l \Delta\sigma \cdot \cos\,(2n-1)\,\frac{\pi}{l}\,z \cdot dz \qquad \text{(V, 53)}$$

gegeben sind. Der Betrag und das Vorzeichen des Integrals in (V, 53) ist abhängig vom Verlauf der Funktion $\cos\,(2n-1)\,\frac{\pi}{l}\,z$. Für die Werte $n = 1, 2, 3$ ist diese Funktion in Abb. 57 aufgezeichnet.

Für den ersten Formanten F_1 erhält man nach einigen Vereinfachungen als 1. Näherung schließlich explizit

$$\lambda_1^{(1)} = -\frac{\pi}{4l\sigma_0}\left\{{}_1\Delta\,\sigma_1(\zeta_1) - {}_1\Delta\,\sigma_2(\zeta_2)\right\} \qquad \text{(V, 54)}$$

wobei die ${}_1\Delta\sigma_n(z)$ folgendermaßen definiert sind:

$$\begin{aligned} {}_1\Delta\sigma_1(z) &= \Delta\sigma(z) \text{ in } (0 \le z \le {}^l/_2) \\ {}_1\Delta\sigma_2(z) &= \Delta\sigma(z) \text{ in } ({}^l/_2 \le z \le l)\,. \end{aligned} \qquad \text{(V, 55)}$$

Der linke Index bezeichnet die Ordnung des Eigenwertes. ${}_1\Delta\sigma^n(\zeta_n)$ sind gewisse feste Werte von ${}_1\Delta\sigma_n(z)$, wobei es uns nicht auf deren genaue Beträge (sie können abgeschätzt werden), sondern nur auf deren

Vorzeichen ankommt. Das Vorzeichen der geschweiften Klammer in (V, 54) ergibt die Änderungsrichtung des Formanten.

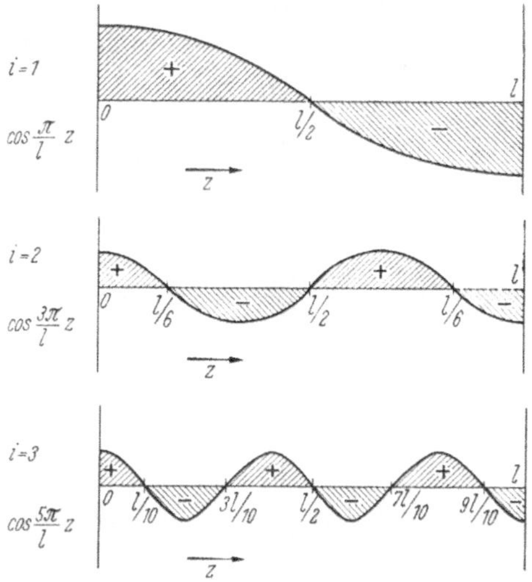

Abb. 57. Die Funktion $\cos\,(2\,i - 1)\,\frac{\pi}{l}$ für $i = 1, 2, 3$

Abb. 58 zeigt einige Querschnittsänderungen, für welche sich die Bewegungen der Formanten gemäß Gl. (V, 54) sofort angeben lassen. So speziell auch $\Delta\sigma(z)$ hierbei gewählt ist [${}_1\Delta\sigma_1(z)$ bzw. ${}_1\Delta\sigma_2(z)$ besitzen jeweils konstantes Vorzeichen], weisen diese Beispiele doch grundlegende Beziehungen zwischen der Ansatzrohrgestalt und der Lage des 1. Formanten auf. Bei Querschnittsfunktionen mit wechselndem Vorzeichen von ${}_1\Delta\sigma_1(z)$ und ${}_1\Delta\sigma_2(z)$ kann man in den meisten Fällen sofort angeben, welches Vorzeichen für ${}_1\Delta\sigma_1(\zeta_1)$ und ${}_1\Delta\sigma_2(\zeta_2)$ zu wählen ist.

Besonders hervorzuheben ist die Tatsache, daß für die Lage des 1. Formanten Vorzeichen und Betrag von nur zwei Integralen (über die Intervalle $o \leq z \leq {}^l/_2$ und ${}^l/_2 \leq z \leq l$), aus denen die Werte ${}_1\Delta\sigma_1(\zeta_1)$ und ${}_1\Delta\sigma_2(\zeta_2)$ resultieren, maßgebend sind. Dies bedeutet nämlich, daß in den beiden Halbintervallen, beliebig viele Funktionen ${}_1\Delta\sigma_1(z)$ und ${}_1\Delta\sigma_2(z)$ gefunden werden können, welche den gleichen Formanten erzeugen, eine Möglichkeit artikulatorischer Kompensation des 1. Formanten, die – wie weiter unten gezeigt wird – für die Vokalartikulation von fundamentaler Bedeutung ist.

Für den 2. Formanten erhalten wir als 1. Näherung den Ausdruck

$$\lambda_2^{(1)} = -\frac{3\pi}{4l\sigma_0}\left\{ {}_2\Delta\sigma_1(\zeta_1) - 2\,{}_2\Delta\sigma_2(\zeta_2) + 2\,{}_2\Delta\sigma_3(\zeta_3) - {}_2\Delta\sigma_4(\zeta_4) \right\}. \quad \text{(V, 56)}$$

Das Vorzeichen der geschweiften Klammer ist wie beim 1. Formanten ausschlaggebend für die Bewegungsrichtung des 2. Formanten. Die Funktionen sind folgendermaßen definiert:

$$\begin{aligned} {}_2\Delta\sigma_1(z) &= \Delta\sigma(z) \text{ in } 0 \leq z \leq {}^l/_6 \\ {}_2\Delta\sigma_2(z) &= \Delta\sigma(z) \text{ in } {}^l/_6 \leq z \leq {}^l/_2 \\ {}_2\Delta\sigma_3(z) &= \Delta\sigma(z) \text{ in } {}^l/_2 \leq z \leq {}^{5l}/_6 \\ {}_2\Delta\sigma_4(z) &= \Delta\sigma(z) \text{ in } {}^{5l}/_6 \leq z \leq l. \end{aligned} \quad \text{(V, 57)}$$

Im Gegensatz zu den zwei Teilintegralen des 1. Formanten tritt beim 2. Formanten das komplexere Aggregat von vier Teilintegralen auf.

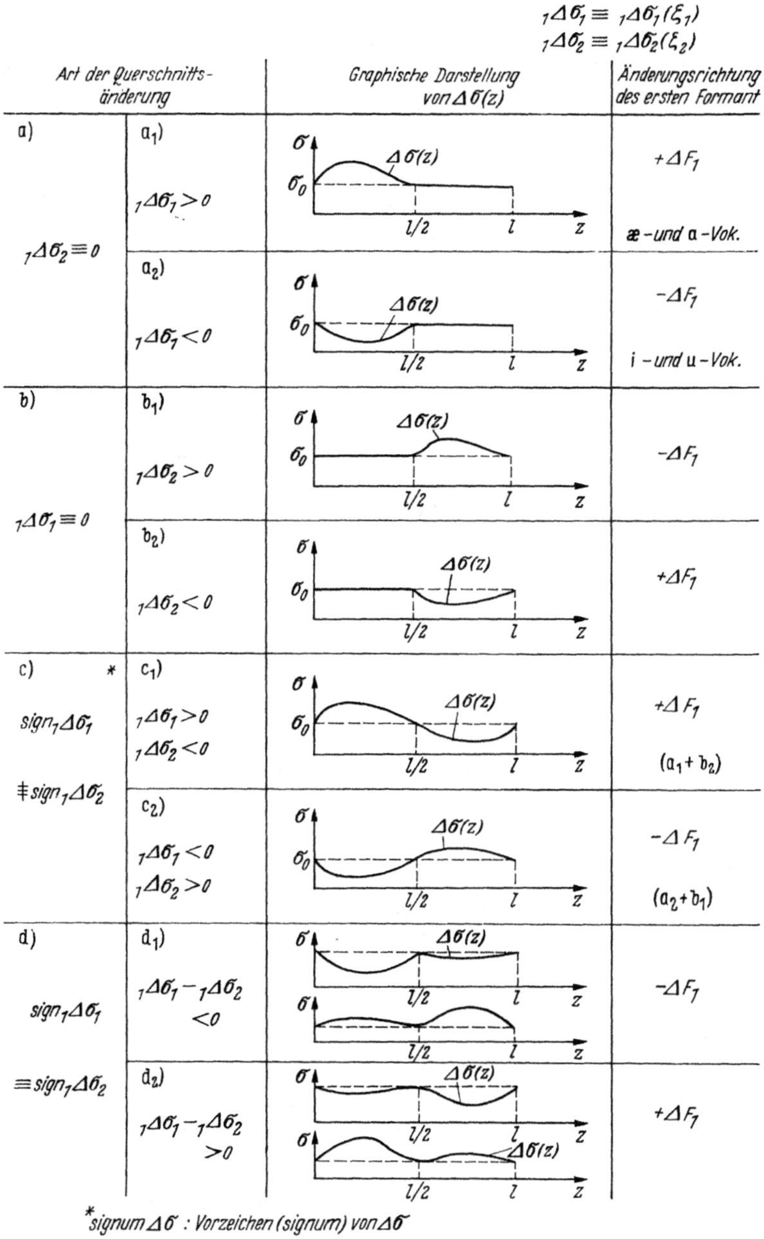

Abb. 58. Tabelle I: Änderungen des 1. Formanten für einfache Querschnittsverläufe

$_2\Delta\sigma_i \equiv {}_2\Delta\sigma_i(\zeta_i)\,;\; i = 1, 2, 3, 4$

Art der Querschnittsänderung			Graphische Darstellung von $\Delta\sigma(z)$	Änderungsrichtung des 2. Formanten
a) $_2\Delta\sigma_3 \equiv 0$ $_2\Delta\sigma_4 \equiv 0$	a₁) $_2\Delta\sigma_1 > 0$ $_2\Delta\sigma_2 > 0$	a₁₁) $_2\Delta\sigma_1 > 2\,{}_2\Delta\sigma_2$	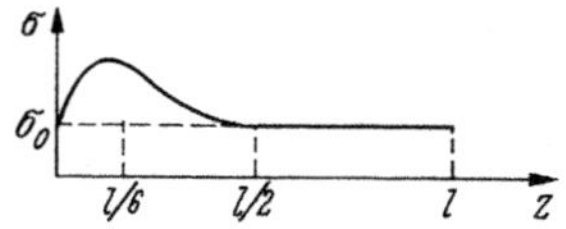	$+\Delta F_2$
		a₁₂) $_2\Delta\sigma_1 < 2\,{}_2\Delta\sigma_2$	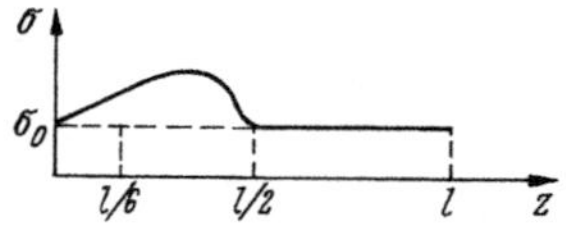	$-\Delta F_2$
		a₁₃) $_2\Delta\sigma_1 = 2\,{}_2\Delta\sigma_2$	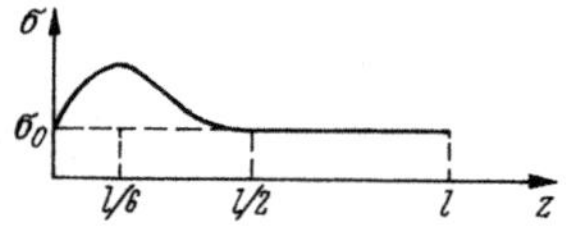	$+\Delta F_2 =$ $-\Delta F_2 = 0$
	a₂) $_2\Delta\sigma_1 < 0$ $_2\Delta\sigma_2 < 0$	a₂₁) $\lvert{}_2\Delta\sigma_1\rvert > 2\lvert{}_2\Delta\sigma_2\rvert$	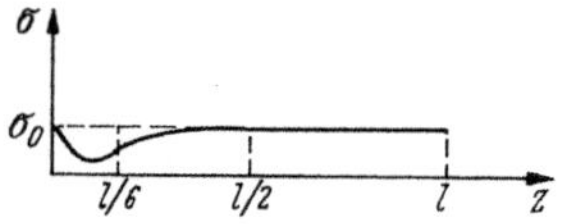	$-\Delta F_2$
		a₂₂) $\lvert{}_2\Delta\sigma_1\rvert < 2\lvert{}_2\Delta\sigma_2\rvert$	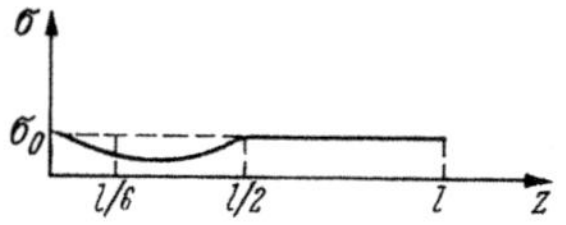	$+\Delta F_2$
		a₂₃) $_2\Delta\sigma_1 = 2\,{}_2\Delta\sigma_2$	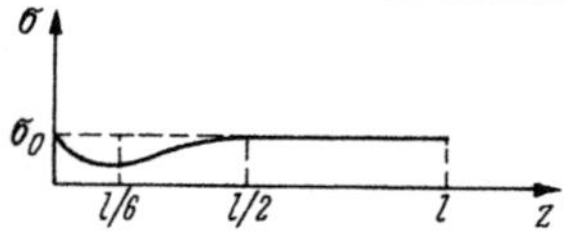	$+\Delta F_2 =$ $-\Delta F_2 = 0$
	a₃) $\operatorname{sign}{}_2\Delta\sigma_1$ $\not\equiv \operatorname{sign}{}_2\Delta\sigma_2$	a₃₁) $_2\Delta\sigma_1 < 0$ $_2\Delta\sigma_2 > 0$	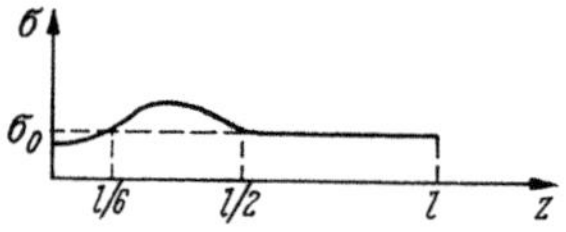	$-\Delta F_2$
		a₃₂) $_2\Delta\sigma_1 > 0$ $_2\Delta\sigma_2 < 0$	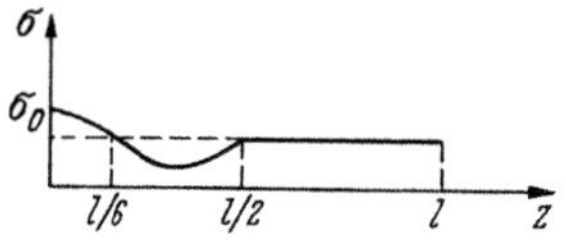	$+\Delta F_2$

Abb. 59. Tabelle II: Änderungen des 2. Formanten für einfache Querschnittsverläufe

Durch die feinere Struktur ist das Variationsgebiet reichhaltiger, was innerhalb eines Vokalsystems bei dem gleichen Unterformanten verschiedene Lagen des Oberformanten ermöglicht.

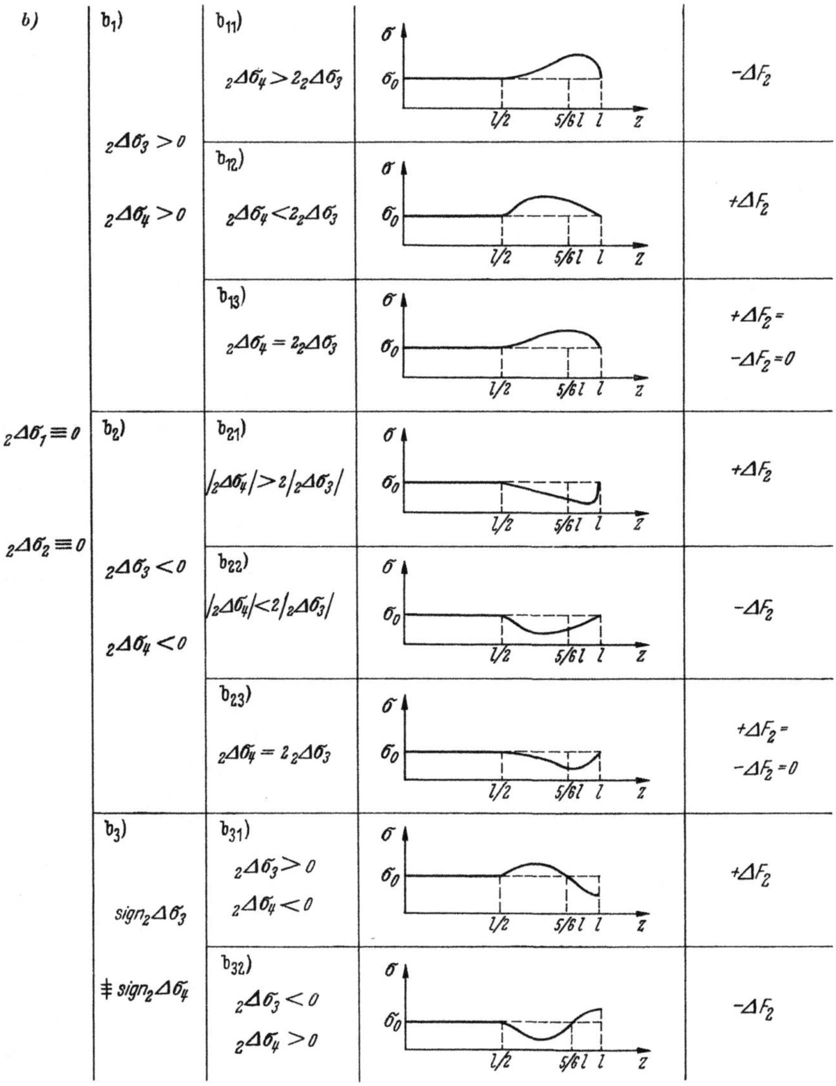

Abb. 59. Tabelle II. Fortsetzung

Abb. 59 demonstriert an einigen übersichtlichen Beispielen den Zusammenhang der Funktion $\Delta\sigma(z)$ mit den Änderungen des 2. Formanten bezüglich des Ursprungs [Ǝ].

Die von $\Delta\sigma(z)$ abhängigen Verschiebungen des 3. Formanten darzustellen, ist wegen des fünffachen Nulldurchgangs der Funktion $\cos\frac{5\pi}{l}z$

schon bedeutend schwieriger als für die beiden unteren Formanten. Das Integral der Gl. (V, 53) spaltet sich nämlich in sechs Teilintegrale, und man erhält als 1. Näherung des 3. Eigenwerts

$$\lambda_3^{(1)} = -\frac{5\pi}{4l\sigma_0}\Big\{{}_3\Delta\sigma_1(\zeta_1) - 2\,{}_3\Delta\sigma_2(\zeta_2) + 2\,{}_3\Delta\sigma_3(\zeta_3) - \\ - 2\,{}_3\Delta\sigma_4(\zeta_4) + 2\,{}_3\Delta\sigma_5(\zeta_5) - \Delta\sigma_6(\zeta_6)\Big\} \qquad \text{(V, 58)}$$

mit den Funktionen (V, 59)

$${}_3\Delta\sigma_1(z) = \Delta\sigma(z) \text{ in } 0 \le z \le l/_{10} \qquad {}_3\Delta\sigma_2(z) = \Delta\sigma(z) \text{ in } l/_{10} \le z \le 3l/_{10}$$
$${}_3\Delta\sigma_3(z) = \Delta\sigma(z) \text{ in } 3l/_{10} \le z \le l/_2 \qquad {}_3\Delta\sigma_4(z) = \Delta\sigma(z) \text{ in } l/_2 \le z \le 7l/_{10}$$
$${}_3\Delta\sigma_5(z) = \Delta\sigma(z) \text{ in } 7l/_{10} \le z \le 9l/_{10} \qquad {}_3\Delta\sigma_6(z) = \Delta\sigma(z) \text{ in } 9l/_{10} \le z \le l.$$

Man erkennt, daß um so kleinere Intervalle des Querschnittsverlaufs die Formanten beeinflussen, je höher die Ordnungszahl der Formanten ist. Das größere Teilintervall des 3. Formanten hat für die 1. Näherung eine Länge von 3,2 cm, das kleinere an der Mund- und Kehlkopfseite des Rohres beträgt nur 1,6 cm. Partialräume solcher Länge können die Sprechwerkzeuge nicht mehr unabhängig voneinander variieren, in der Weise etwa, daß bei gleichem 1. und 2. Formanten der 3. Formant verschiedene Positionen einnehmen könnte. Daher liegt der Schluß nahe, daß der 3. Formant zur phonologischen Klassifikation der Vokale im allgemeinen nur wenig beiträgt; allerdings scheint er für einige besonderen Vokalfarben von Bedeutung zu sein[1]. Diese Vermutung wird durch die Messungen von POTTER und

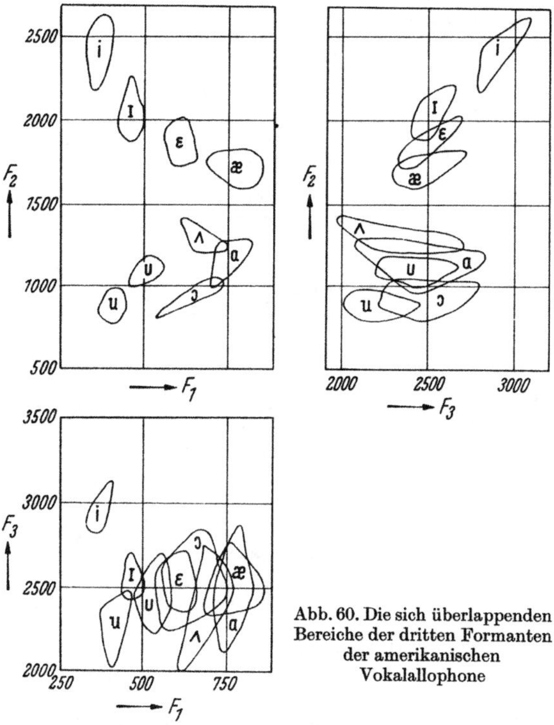

Abb. 60. Die sich überlappenden Bereiche der dritten Formanten der amerikanischen Vokalallophone

[1] Nach COOPER et al. und R. L. MILLER genügt für einige Vokale sogar eine phonologisch relevante Beschreibung mit einem einzigen Vokal. Allerdings zeigen andere Untersuchungen, daß in einigen Sprachen (beispielsweise im Schwedischen)

PETERSON (Abb. 60) gestützt, aus welchen sich stark überlappende Valenzbereiche des 3. Formanten ergaben, die im Gegensatz zu den beiden unteren Formanten kaum eine merkmalbildende Differenz aufweisen.

7. Phonetisch-akustische Interpretation vorgegebener Ansatzrohrformen

Die Tabellen I und II (Abb. 58 u. 59) lassen sich leicht auf konkrete Ansatzrohrformen anwenden. Als erstes Beispiel wählen wir den Fall $a_2(I)$ zusammen mit $a_{22}(II)$. Der entsprechende Querschnittsverlauf (Abb. 61) gehört zu dem Valenzbereich der [e]-Vokale, deren 1. Formanten, übereinstimmend mit $a_2(I)$, tatsächlich niedriger als 540 Hz (F_1 von [ɘ]) liegen. Außerdem ist ersichtlich, daß für den 2. Formanten

$$|{}_2\Delta\sigma_1(\zeta_1)| < |{}_2\Delta\sigma_2(\zeta_2)| \quad , \quad {}_2\Delta\sigma_1(z) < 0 \quad , \quad {}_2\Delta\sigma_2(z) < 0$$

gilt. Hieraus ergibt sich gemäß $a_{22}(II)$, daß der 2. Formant höher liegt als 1620 Hz (F_2 von [ɘ]). Beim artikulatorischen Übergang des [e] zum [ø] werden die Lippen gerundet und der Kehlkopf ein wenig gesenkt, wodurch $|{}_2\Delta\sigma_1(\zeta_1)|$ sich vergrößert. Die übrigen Teile des Mundraums verlagern sich so, daß andererseits $|{}_2\Delta\sigma_2(\zeta_2)|$ sich verkleinert. Die Verformung $\Delta\sigma(z)$ wird dadurch der Kategorie $a_{23}(II)$ stark angenähert, und der 2. Formant des [ø] liegt in der Nähe des 2. [ɘ]-Formanten, tiefer als das F_2 des [e], wie es die akustischen Messungen verlangen. Lippenrundung und Kehlkopfsenkung verlängern das Ansatzrohr und unterstützen auf diese Weise die Abwärtsbewegung des 2. Formanten, reduzieren aber zugleich die geringe Erhöhung des 1. Formanten, welche die [ø]-Variation des $\Delta\sigma(z)$ bewirkt hatte, so daß die Artikulation des [ø] schließlich den gleichen 1. Formanten hervorbringt wie diejenige des [e]. Nach diesem Ergebnis vermuten wir, daß hauptsächlich eine veränderte Lippenstellung, d. h. ein verändertes ${}_2\Delta\sigma_1(\zeta_1)$, die Position des 2. Formanten beeinflußt.

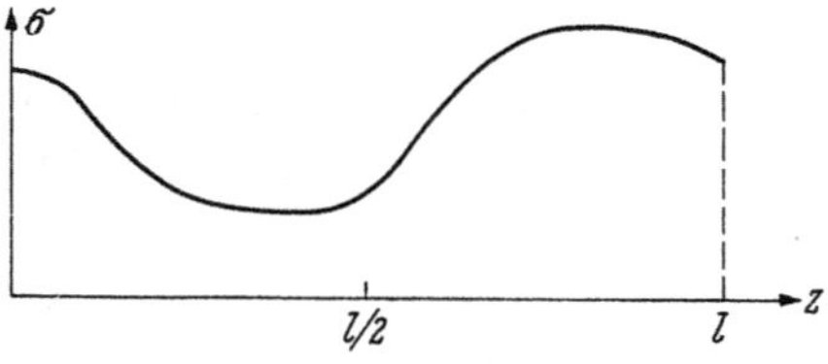

Abb. 61. Schematische Darstellung des Querschnittsverlaufs für einen [e]-Vokal

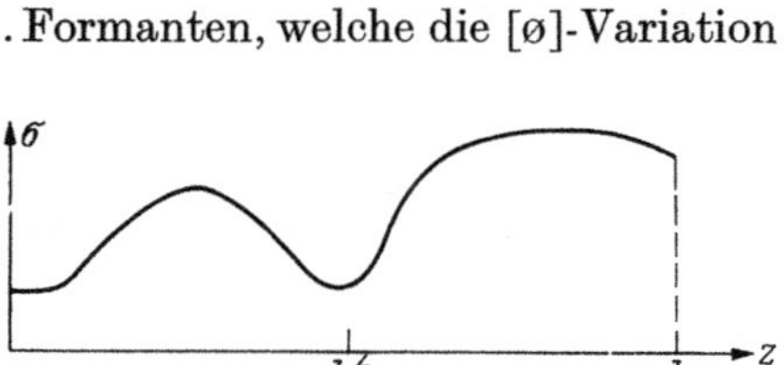

Abb. 62. Schematische Darstellung des Querschnittsverlaufs für einen [u]-Vokal

Kompliziertere Querschnittsverläufe lassen sich aus den Kurven der Tabellen in einfacher Weise zusammensetzen. Um dies zu zeigen, wählen

gewisse vokalische Phonemrealisationen nur unter Hinzunahme des 3. Formanten befriedigend beschrieben werden können, was in keinem Gegensatz steht zu den obigen Ergebnissen; siehe hierzu MALMBERG und FANT (1959).

wir den Vokal [u] (Abb. 62). Aus Tabelle I ist für den 1. Formanten die Kategorie d_1 zuständig, d. h. der 1. Formant liegt niedriger als 540 Hz. Die bei der Artikulation des [u] vorgestülpten Lippen verlängern das Ansatzrohr und bewirken dadurch eine weitere Verringerung des 1. Formanten. Für den 2. Formanten fällt der Querschnittsverlauf in die Kategorie a_{21} (im Intervall $0 \leq z \leq l/2$) und b_{11} (im Intervall $l/2 \leq z \leq l$) der Tabelle II, d. h. der 2. Formant sinkt ebenfalls, wobei sich die Wirkungen der vorderen und hinteren Hälfte des Ansatzrohres addieren.

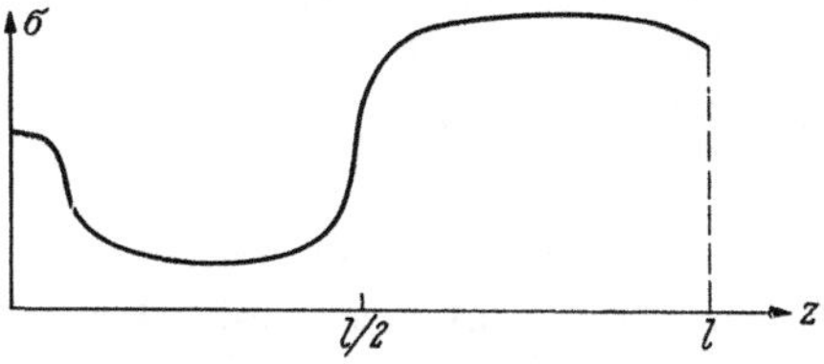

Abb. 63. Schematische Darstellung des Querschnittsverlaufs für einen [i]-Vokal

Ein Vergleich mit dem [i], welches den gleichen 1. Formanten besitzt wie das [u], ist für den Mechanismus der [u]-Artikulation aufschlußreich. Der Querschnittsverlauf des [i] (Abb. 63) erniedrigt im Vergleich zum [ɜ] den 1. Formanten und erhöht zugleich den 2. Formanten. Beim Übergang zum [u] wird der 1. Formant in den beiden Halbintervallen *kompensatorisch artikuliert,* so daß er die gleiche Position erhält wie beim [i]. Die hierzu notwendigen Deformationen der Querschnittskurve vergrößern in den beiden Halbräumen die Abweichungen vom konstanten Verlauf an den Enden des Rohres gegenüber den mittleren Partien, so daß gemäß Kategorie a_{21} und b_{11} der Tabelle II der 2. Formant seine tiefste Lage einnimmt. Zur Übersicht sind in Abb. 64 die charakteristischen Ansatzrohrformen der vier Quadranten des [ɜ]-Koordinatensystems zusammengestellt[1]. Als Ergänzung zu diesen typischen $\sigma(z)$-Funktionen zeigen wir auf Abb. 65 sechs Querschnittsverläufe, die FANT (1958) an Röntgenbildern ausgemessen hat. Weitere Beispiele befinden sich bei CHIBA und KAJIYAMA.

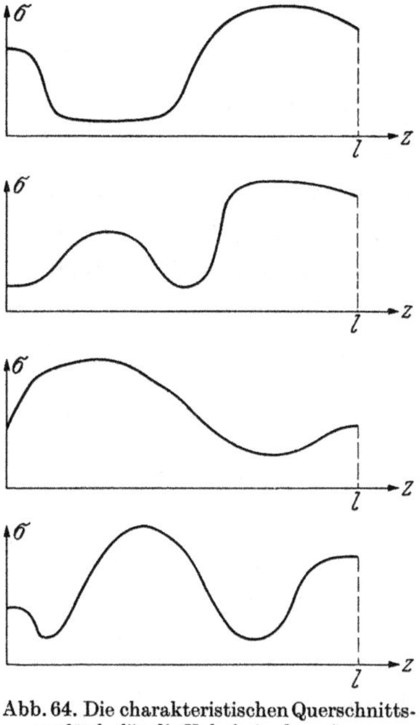

Abb. 64. Die charakteristischen Querschnittsverläufe für die Vokale in den vier Quadranten des [ɜ]-Koordinatensystems

Die Dreiecksform der Vokalsysteme, also die gegenüber den [i]- und [u]-Vokalen geringeren maximalen Abweichungen $\pm \Delta F_2$ der [æ]- und [a]-Vokale, erklärt sich offensichtlich anatomisch aus

[1] Zu ähnlichen Resultaten gelangt HEFFNER (S. 88 ff.) mit seinen „three typical vowel positions“.

der unterschiedlichen Beweglichkeit von Zunge und Pharynx, welche bei den Vokalen der rechten Halbebene eine der [u]-[i]-Artikulation ähnliche, kompensatorische Erzeugung des 1. Formanten nicht zuläßt.

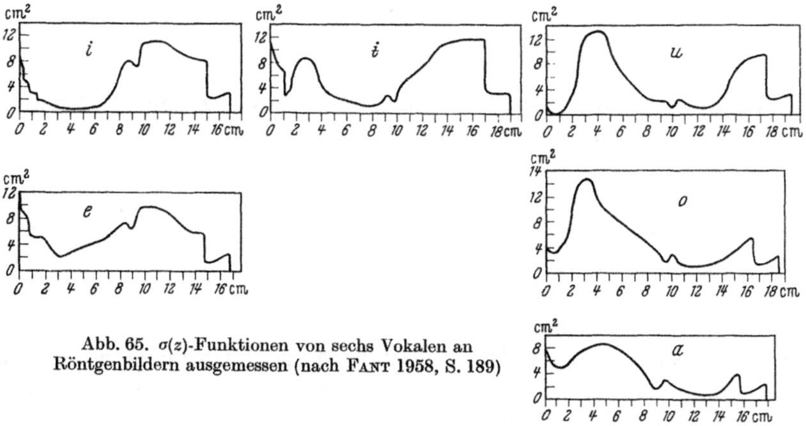

Abb. 65. $\sigma(z)$-Funktionen von sechs Vokalen an Röntgenbildern ausgemessen (nach FANT 1958, S. 189)

Den Vokalen in der Nähe der ΔF_1-Ordinate (etwa die Reihe [y]-[ø]-[œ]-[ɐ]) mit annähernd konstantem 2. Formanten entsprechen die Ansatzrohrverformungen auf Abb. 66. Der Übergang zwischen diesen Vo-

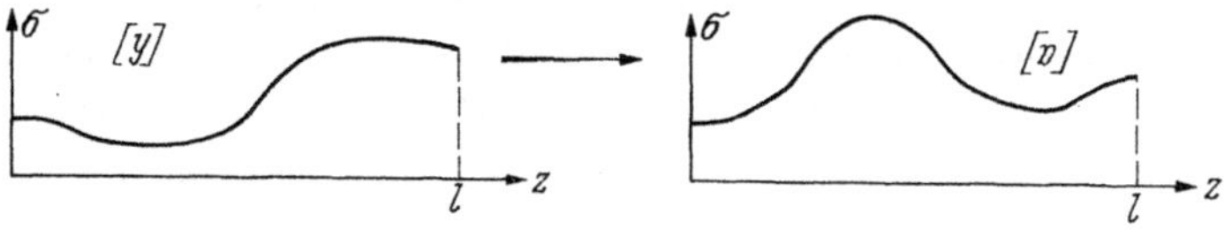

Abb. 66. Die Veränderung des Querschnittsverlaufs längs der ΔF_1-Ordinate

kalen geschieht immer so, daß die Bedingungen a_{13}, a_{23}, b_{13}, b_{23} der Tabelle II erfüllt sind. Bei den Vokalen entlang der ΔF_2-Ordinate (etwa die Reihe [o, ɔ]-[ø, œ]-[e, ɛ]) variiert das Ansatzrohr gemäß Abb. 67. In beiden Fällen verstärken sich die negativen Derivationen $-\Delta F_1$ und $-\Delta F_2$ durch das mit Lippenrundung und Kehlkopfsenkung längere Ansatzrohr.

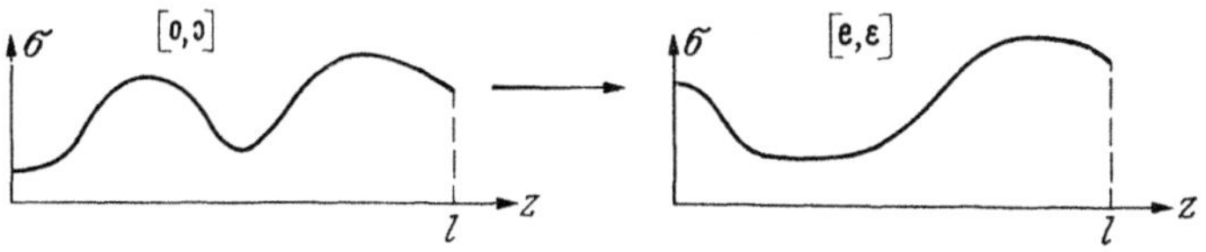

Abb. 67. Die Veränderungen des Querschnittsverlaufs längs der ΔF_2-Ordinate

C. Anhang

1. Die verschiedenen Schreibweisen der Horngleichung

In der Gestalt

$$\frac{\partial^2 \Phi}{\partial z^2} + \frac{1}{\sigma} \frac{d\sigma}{dz} \frac{\partial \Phi}{\partial z} = \frac{1}{c^2} \frac{\partial^2 \Phi}{\partial t^2} \tag{1}$$

ist die Horngleichung von WEBSTER eine lineare, partielle Differentialgleichung 2. Ordnung. Durch die Substitution

$$\Phi(z, t) = \varphi(z) \sin 2\pi\nu t \tag{2}$$

geht diese Gleichung über in

$$\frac{d^2\varphi}{dz^2} + \frac{1}{\sigma} \frac{d\sigma}{dz} \frac{d\varphi}{dz} + \lambda\varphi = 0 \qquad \lambda = \left(\frac{2\pi\nu}{c}\right)^2 \tag{3}$$

eine gewöhnliche lineare Differentialgleichung 2. Ordnung, welche der Gegenstand unserer Untersuchung ist. Man kann auf die Gl. (1) auch die Laplacetransformation anwenden und erhält dann die Gleichung

$$\frac{d^2\varphi}{dz^2} + \frac{1}{\sigma} \frac{d\sigma}{dz} \frac{d\varphi}{dz} - \lambda\varphi = 0 \tag{4}$$

die bis auf ein Vorzeichen der Gl. (3) entspricht. In den weiteren Ausführungen wird immer auf die Gl. (3) Bezug genommen werden.

Die geometrische Gestalt des Ansatzrohres wird in der Horngleichung durch die Querschnittsfunktion $\sigma(z)$, der Verlauf des Querschnitts entlang der Rohrachse, berücksichtigt. In die Gleichung selbst geht $\sigma(z)$ als Koeffizient des zweiten Gliedes in der Gestalt $\frac{1}{\sigma} \frac{d\sigma}{dz}$ ein. Dieser Term wird häufig in der Form

$$\frac{1}{\sigma} \frac{d\sigma}{dz} \equiv \frac{d\,[\ln \sigma(z)]}{dz} \tag{5}$$

geschrieben.

Daß die dimensionsbehaftete Querschnittsfunktion logarithmiert wird, bietet wegen der Differentiation keine Schwierigkeit.

Gl. (3) läßt sich in die Form

$$(\sigma\varphi')' + \lambda\sigma\varphi = 0 \tag{6}$$

umschreiben[1] und erweist sich dadurch als eine spezielle Differentialgleichung vom Sturm-Liouvilleschen Typ, dessen allgemeine Gleichung folgende Gestalt besitzt

$$[k(z)y']' + [\lambda g(z) - h(z)]y = 0. \tag{7}$$

Gl. (7) geht mit den Korrespondenzen

$$k \equiv g \equiv \sigma, \; h \equiv 0, \; y \equiv \varphi \tag{8}$$

offensichtlich in Gl. (6) über. Dies bedeutet, daß sämtliche Sätze aus der Theorie der Sturm-Liouvilleschen Differentialgleichungen auf die Websterschen Horngleichung angewandt werden können; insbesondere fallen die Berechnungen der Resonanzfrequenzen des Ansatzrohres in den Bereich der sog. Sturmschen Eigenwertprobleme.

Für unser räumlich eindimensionales Problem lassen sich Schalldruck $p(z)$ und Schallschnelle $s(z)$ in bekannter Weise aus dem ortsabhängigen Anteil des Geschwindigkeitspotentials $\varphi(z)$ ableiten:

$$p = \varrho_0 \cdot \varphi \quad , \quad s = -\frac{d\varphi}{dz} \tag{9}$$

(ϱ_0: Luftdichte des ruhenden Mediums).

Gl. (3) gilt demnach auch für den ortsabhängigen Teil des Schalldrucks (d. h. für die räumliche Verteilung der stehenden Welle zu einem bestimmten Zeitpunkt), d. h. $p(z)$ und $\varphi(z)$ sind einander direkt proportional. Für den ortsabhängigen Anteil der Schnelle $s(z)$ ist dagegen folgende Dffgl. zuständig

$$s'' + \frac{\sigma'}{\sigma} s' + \left[\left(\frac{\sigma'}{\sigma}\right)' + \lambda\right] s = 0 \tag{10}$$

bzw.

$$s'' + [(ln\sigma)' s]' + \lambda s = 0 \tag{11}$$

wie bereits von Webster selbst angegeben wurde.

Die Substitution

$$\psi = \sqrt{\sigma} \cdot \varphi = \varrho \cdot \varphi \tag{12}$$

transformiert die Horngleichung (3) in ihre „Liouvillesche Normalform“

$$\psi'' + \left(\lambda - \frac{\varrho''}{\varrho}\right)\psi = 0. \tag{13}$$

Die Funktion $\varrho = \sqrt{\sigma}$ ist bei rotationssymmetrischen Rohren proportional der Änderung des Radius entlang der Rohrachse.

---

[1] Den Differentialquotienten schreiben wir künftig abgekürzt mit einem Strich rechts oben, also $\frac{d\varphi}{dz} \equiv \varphi'$, $\frac{d^2\varphi}{dz^2} \equiv \varphi''$.

Eine andere Normalform erhält man, wenn man die neue unabhängige Variable

$$\xi = \int \frac{dz}{\sigma(z)} \tag{14}$$

einführt. Ersetzt man in der resultierenden Diffgl. ξ wieder durch z, so ergibt sich die Gleichung

$$\varphi'' + \lambda\sigma^2\,\varphi = 0. \tag{15}$$

Beide Normalformen bieten große Vorteile für die Integration der Horngleichung. Für manche Betrachtungen ist es jedoch zweckmäßig, die Webstersche Gleichung in ein System zweier Differentialgleichungen 1. Ordnung umzuformen. Man erhält die Systeme

$$\begin{aligned} \varphi_1' + \lambda\sigma\varphi_2 &= 0 \\ \varphi_2' - \frac{1}{\sigma}\,\varphi_1 &= 0 \end{aligned} \tag{16}$$

oder

$$\begin{aligned} \varphi_1' - \frac{i\omega\sigma}{c}\,\varphi_2 &= 0 \\ \varphi_2' - \frac{i\omega}{c\sigma}\,\varphi_1 &= 0. \end{aligned} \tag{17}$$

Das System (17) zeigt eine unmittelbare Parallelität mit den Gleichungen, die gewöhnlich in der Theorie der elektrischen inhomogenen Leitungen gebraucht werden. Daher können dort entwickelte Lösungsmethoden und Betrachtungsweisen unmittelbar in den akustischen Bereich übernommen werden.

2. Die Riccatische Differentialgleichung

Zu jeder gewöhnlichen, linearen Differentialgleichung 2. Ordnung,

$$f(z)\varphi'' + g(z)\varphi' + h(z)\,\varphi = 0 \tag{18}$$

also auch zur Websterschen Horngleichung, gehört eine nichtlineare Differentialgleichung 1. Ordnung, nämlich die verallgemeinerte Riccati-Gleichung

$$f(z)\,(u' + u^2) + g(z)\,u + h(z) = 0 \tag{19}$$

die man durch die Substitution $u = \frac{\varphi'}{\varphi}$ aus Gl. (18) ableiten kann. Im Falle der Horngleichung, also für $f(z) \equiv 1$, $g(z) \equiv (ln\sigma)'$, $h(z) \equiv \lambda$, erhält man folgende Riccatische Differentialgleichung:

$$u' + u^2 + (ln\sigma)'\,u + \lambda = 0. \tag{20}$$

Setzt man weiter $\overline{w} = u \cdot \sigma = \frac{\sigma\varphi'}{\varphi}$, so geht Gl. (20) in

$$\overline{w}' + \frac{\overline{w}^2}{\sigma} + \sigma\lambda = 0 \tag{21}$$

über, und für die inverse Substitution $w = \frac{\varphi}{\sigma\varphi'}$ ergibt sich die Riccatigleichung

$$w' = \lambda\sigma w^2 + \frac{1}{\sigma}. \tag{22}$$

Die Gleichungen (21) und (22) sind für die Artikulationstheorie von besonderer Bedeutung, weil die beiden Substitutionen, welche die Horngleichung in die Riccatischen Korrelate überführen, dem Verlauf des akustischen Leitwertes und dem akustischen Widerstand längs der Rohrachse proportional sind:

$$\begin{aligned} &\text{Leitwert:} \qquad G = \frac{\sigma s}{p} = -\frac{\sigma\,\Phi'}{\varrho_0\,\dot{\Phi}} \\ &\text{Widerstand:} \qquad R = \frac{1}{G}. \end{aligned} \tag{23}$$

Durch Separation der Variablen $\Phi(z, t) = \varphi(z)\chi(t)$ und Ersetzen der Zeitfunktion durch eine Sinoidalschwingung $\chi(t) = e^{i\omega t}$ erhält man für Leitwert und Widerstand die Ausdrücke

$$G = -\frac{\sigma\varphi'}{i\omega\varrho_0\varphi},\ R = -\frac{i\omega\varrho_0\varphi}{\sigma\varphi'} \tag{24}$$

aus denen die Proportionalität dieser Größen mit den obigen Substitutionsfunktionen klar hervorgeht. Die Riccatische Gleichung für den Widerstand $R(z)$, die wir im folgenden analysieren wollen, ergibt sich zu

$$R' = -\frac{\lambda}{i\omega\varrho_0}\,\sigma R^2 - \frac{i\omega\varrho_0}{\sigma}. \tag{25}$$

Die Konstante λ ist folgendermaßen definiert

$$\lambda = -\left(\frac{i\omega}{c}\right)^2 \tag{26}$$

wodurch die Widerstandgleichung (25) in

$$R' = \frac{i\omega\sigma}{c^2\varrho_0} R^2 - \frac{i\omega\varrho_0}{\sigma} \tag{27}$$

übergeführt wird. Bildet man nun

$$\frac{c^2\varrho_0}{i\omega\sigma} R' = R^2 - \frac{c^2\varrho_0^2}{\sigma^2} \tag{28}$$

so erkennt man, daß das zweite Glied auf der rechten Seite $\left(\frac{c^2\varrho_0^2}{\sigma^2}\right)$ die gleiche physikalische Dimension hat (nämlich: akustischer Widerstand im Quadrat) wie R^2. Wir bezeichnen den hierdurch definierten Widerstand $\frac{c\varrho_0}{\sigma}$ mit R_0 und erhalten damit schließlich für den ortsabhängigen akustischen Widerstand des Ansatzrohres die Differentialgleichung

$$R' = \frac{i\omega}{c}\left(\frac{R^2}{R_0} - R_0\right). \tag{29}$$

Diese Gleichung ist mit jener identisch, die für den elektrischen Widerstand inhomogener Leitungen aufgestellt worden ist.

3. Die Störungsrechnung

Die Webstersche Horngleichung kann nur für wenige, einfache Querschnittsfunktionen $\sigma(z)$ exakt gelöst werden. Dies ist zum Beispiel für einen konstanten oder exponentiellen Querschnittsverlauf der Fall. Für alle anderen Ansatzrohrformen – und das sind praktisch alle, die phonetisch interessieren – kann nur eine angenäherte Lösung der Gleichung gefunden werden. Diese Einschränkung ist für uns nicht allzu schwerwiegend, da wir von vorn herein nicht die Absicht hatten, die Resonanzfrequenzen und die Schalldruckverläufe aus der Horngleichung exakt zu berechnen. Die Webstersche Differentialgleichung diente uns vielmehr als der kompakte, mathematische Inbegriff einer akustischen Artikulationstheorie, und unter diesem Aspekt ermöglichten es ihre Eigenschaften immerhin, einiges über den physikalischen Mechanismus der Artikulation auszusagen.

Trotzdem ist es natürlich wünschenswert, Näherungsmethoden an der Hand zu haben, mit denen man sich wenigstens einen Überblick über die Lage der Resonanzfrequenzen, die Druck- und Schnelleverläufe machen kann. Nicht zuletzt hoffen wir, auch in diesen Näherungsverfahren Aufschluß über die Gesetzmäßigkeiten der akustischen Artikulationsprozesse zu erhalten.

Als erste Methode zur approximativen Lösung der Horngleichung behandeln wir die sog. „Störungsrechnung", die wir bereits auf S. 88 gestreift haben. Das Prinzip dieses Näherungsverfahrens ist folgendes. Es sei eine gewöhnliche Differentialgleichung gegeben, die wir kurz mit $D[y] = 0$ symbolisieren wollen. Man versucht nun den Differentialoperator $D[y]$ additiv aus einem Differentialausdruck mit bekannten Lösungen $T[y]$ und einem „Störglied" $S[y]$ zusammenzusetzen:

$$D[y] \equiv T[y] + \varepsilon\, S[y] = 0. \tag{30}$$

Dabei gelten für D[y], T[y] und S[y] dieselben Randbedingungen. ε ist der sog. „Störungsparameter". Die Differentialgleichung

$$T[y_0] = 0 \tag{31}$$

ist das ungestörte Problem, dessen Lösungen bekannt sind, und mit deren Hilfe Eigenwerte und Eigenfunktionen der gestörten Differentialgleichung (30) durch Entwickeln nach dem Störungsparameter ε dargestellt werden sollen:

$$\begin{aligned} \lambda_n &= \lambda_{n,0} + \varepsilon\, \lambda_{n,1} + \varepsilon^2\, \lambda_{n,2} + \varepsilon^3\, \lambda_{n,3} + \ldots \\ y_n &= y_{n,0} + \varepsilon\, y_{n,1} + y\varepsilon^2{}_{n,2} + \varepsilon^3\, y_{n,3} + \ldots \end{aligned} \tag{32}$$

Hat man einmal die Näherungen $\lambda_{n,0}$, $\lambda_{n,1}$, $\lambda_{n,2}\ldots$ und $y_{n,0}$, $y_{n,1}$, $y_{n,2}\ldots$ gefunden, so lassen sich λ_n und y_n von (30), indem man $\varepsilon = 1$ setzt, durch

$$\begin{aligned} \lambda_n &= \lambda_{n,0} + \lambda_{n,1} + \lambda_{n,2} + \ldots \\ y_n &= y_{n,0} + y_{n,1} + y_{n,2} + \ldots \end{aligned} \tag{33}$$

approximieren[1].

Zur näheren Beschreibung des Rechnungsganges gehen wir von folgender Differentialgleichung aus

$$L[y] + M[y] + \lambda p(z)y + \lambda q(z)y = 0 \tag{34}$$

$L[y]$ und $M[y]$ sind Differentialausdrücke der Form

$$L[y] \equiv f(z)y'' + g(z)y' + h(z)y,\quad M[y]\text{t}\equiv \bar{f}(z)y'' + \bar{g}(z)y' + \bar{h}(z)y \tag{35}$$

$M[y]$ und λqy seien die Störglieder, so daß die ungestörte Differentialgleichung lautet

$$L[y_0] + \lambda p y_0 = 0 \tag{36}$$

deren Eigenfunktionen $y_{n,0}$ und Eigenwerte $\lambda_{n,0}$ wir als bekannt voraussetzen. Durch Einsetzen von (32) in die Gleichung (34) erhält man eine Reihe von Differentialgleichungen zur Berechnung der Näherungsfunktionen $y_{n,k}$ und eine Reihe von Näherungsausdrücken für die Eigenwerte.

Wir begnügen uns hier, die ersten beiden Näherungen für die Eigenwerte anzuschreiben. Man erhält für die erste Approximation

$$\lambda_{n,1} = \frac{\int\limits_0 y_{n,0}\left(M[y_{n,0}] + \lambda_{n,0}\, q y_{n,0}\right) dz}{\int\limits_0^l p\, y_{n,0}^2\, dz} \tag{37}$$

---

[1] Dies ist vom mathematischen Standpunkt erst dann gerechtfertigt, wenn die Konvergenz von (33) als gesichert erkannt worden ist. Für phonetisch-akustische Anwendungen reicht jedoch das Gesagte aus.

und für die zweite

$$\lambda_{n,2} = \frac{\int\limits_0^l y_{n,0}\left(M[y_{n,1}] + \lambda_{n,1} q y_{n,0} + \lambda_{n,1} p y_{n,1} + \lambda_{n,0} q y_{n,1}\right) dz}{\int\limits_0^l p y_{n,0}^2 \, dz}. \tag{38}$$

Man erkennt, daß $\lambda_{n,1}$ direkt aus den bekannten Eigenfunktionen und Eigenwerten der ungestörten Differentialgleichung (36) berechnet werden kann. Zur Berechnung der zweiten Näherung $\lambda_{n,2}$ ist dagegen die erste Approximation der Eigenfunktionen $y_{n,1}$ notwendig. Diese erhält man durch Lösen folgenden inhomogenen Eigenwertproblems:

$$L[y_{n,1}] + \lambda_{n,0}\, p y_{n,1} = -M[y_{n,0}] - \lambda_{n,0}\, q y_{n,0} - \lambda_{n,1}\, p y_{n,0} \tag{39}$$

Man kann nachweisen, daß diese Differentialgleichung für $y_{n,1}$ bei den gleichen Randwerten wie für (34) eine Lösung besitzt. Die höheren Näherungen der Eigenfunktionen berechnen sich nach der Gleichung

$$\begin{aligned} L[y_{n,k}] + \lambda_{n,0}\, p y_{n,k} &= -M[y_{n,k-1}] - \lambda_{n,k}\, p y_{n,0} \\ &- \lambda_{n,0}\, q y_{n,k-1} - \sum_{i=1}^{k-1} \lambda_{n,k-i}\,(p y_{n,i} + q y_{n,i-1}). \end{aligned} \tag{40}$$

Aus den Gln. (38) und (40) geht hervor, daß zur Berechnung der höheren Näherungen der Eigenwerte und Eigenfunktionen die Kenntnis sämtlicher niedrigeren Approximationen notwendig ist. Um die damit verknüpfte umständliche Rechenarbeit zu vermeiden, hat man versucht, die Näherungen direkt aus den Lösungen der ungestörten Differentialgleichung $y_{n,0}$ und $\lambda_{n,0}$ aufzubauen. In der Quantentheorie, wo die Störungsrechnung in ausgedehntem Maße angewandt wird, war der Wunsch die Approximationen unmittelbar mit den ungestörten Eigenwerten und Eigenfunktionen darstellen zu können, besonders lebhaft, und so stammt denn auch die Theorie dieses Verfahrens von dem Physiker SCHRÖDINGER (siehe MADELUNG, S. 316 f.). Der Kerngedanke des Schrödingerschen Verfahrens beruht darin, die Näherungen der Eigenfunktionen des gestörten Problems nach den ungestörten Eigenfunktionen in eine Reihe zu entwickeln. Da wir uns hier mit den ersten Näherungen zufrieden geben, erübrigt es sich, näher darauf einzugehen.

Wenden wir die obigen Formeln auf die Horngleichung in der Form

$$\varphi'' + \frac{\sigma'}{\sigma}\varphi' + \lambda\varphi = 0 \tag{41}$$

an, so erscheint es am zweckmäßigsten, als ungestörte Differentialgleichung

$$\varphi_0'' + \lambda_0\, \varphi_0 = 0 \tag{42}$$

anzusetzen, so daß als Störglied der Term $\frac{\sigma'}{\sigma}\,\varphi'$ anzusehen ist. Aus Gl. (37) erhält man als erste Näherung für die Eigenwerte

$$\lambda_n^{(1)} = \frac{(2k-1)\pi}{l^2}\int\limits_0^l \frac{\sigma'}{\sigma}\sin\frac{(2k-1)\pi}{2l}z\cos\frac{(2k-1)\pi}{2l}z\,dz$$

$$= \frac{(2k-1)\pi}{2l^2}\int\limits_0^l \frac{\sigma'}{\sigma}\sin\frac{(2k-1)\pi}{l}z\,dz. \tag{43}$$

Beachtet man die Beziehung $\frac{\sigma'}{\sigma} \equiv (ln\sigma)'$, so vereinfacht sich (43) durch partielle Integration weiter zu

$$\lambda_n^{(1)} = -\frac{(2k-1)^2\pi^2}{2\,l^3}\int\limits_0^l ln\,\sigma\cos\frac{(2k-1)\,\pi}{l}z\,dz. \tag{44}$$

Nun läßt sich die Querschnittsfunktion $\sigma(z)$ darstellen durch

$$\sigma(z) \equiv 1 + \Delta\sigma(z). \tag{45}$$

Falls gilt $\Delta\sigma(z) \ll 1$, kann man $ln\sigma(z)$ durch $\Delta\sigma(z)$ annähern. Ist $\Delta\sigma(z)$ nicht sehr viel kleiner als 1, so bildet man eine Funktion $\mu(z)$ aus der Beziehung

$$\mu\,(z) = \sqrt[n]{\sigma(z)}\,,\ \sigma(z) = \mu^n(z)\ ,\ n > 1. \tag{46}$$

Wählt man n nur groß genug, so gilt mit

$$\mu(z) \equiv 1 + \Delta\mu(z) \tag{47}$$

auch immer

$$\Delta\mu \ll 1. \tag{48}$$

Da außerdem gilt

$$ln\sigma \equiv ln\mu^n \equiv n\ ln\mu \tag{49}$$

ergibt sich die erste Näherung der Eigenwerte zu

$$\lambda_n^{(1)} = -\frac{(2k-1)^2\pi^2}{2l^3}\,n\int\limits_0^l \Delta\mu\cdot\cos\frac{(2k-1)\,\pi}{l}z\,dz. \tag{50}$$

Diese letzte Gleichung haben wir bereits im Abschnitt V, 6 verwendet, um das System der Vokale aus dem idealen Schwa [ɘ] zu konstruieren. Zur genauen Berechnung der Eigenwerte ist die Gl. (50) natürlich nur dann brauchbar, wenn $\Delta\sigma$ nur wenig vom konstanten Querschnittsverlauf abweicht. Immerhin läßt sich nachweisen – und diesen Sachverhalt haben wir beim Aufbau des Vokalsystems bereits berücksichtigt –, daß eine zusätzliche Verformung des Ansatzrohres $\Delta^*\sigma$, die gleichsinnig mit $\Delta\sigma$ verläuft, d. h.

die in den gleichen Abschnitten wie $\Delta\sigma$ positive oder negative Abweichungen vom konstanten Querschnittsverlauf aufweist, die Eigenwerte in der gleichen Richtung verändert wie die alte Verformung $\Delta\sigma$. Um dies zu zeigen, gehen wir vom Rayleighquotienten

$$\lambda_n = \frac{\int_0^l \sigma \varphi_n'^2 \, dz}{\int_0^l \varphi_n^2 \, dz} \tag{51}$$

aus. Unter Berücksichtigung von $\sigma \equiv 1 + \Delta\sigma + \Delta^*\sigma$ ergibt sich hieraus

$$\lambda_n = \frac{\int_0^l \varphi_n'^2 \, dz + \int_0^l \Delta\sigma \varphi_n'^2 \, dz + \int_0^l \Delta\overset{*}{\sigma} \varphi_n'^2 \, dz}{\int_0^l \sigma \varphi_n^2 \, dz}. \tag{52}$$

Seien $\varphi_{n,0}$ und $\lambda_{n,0}$ die Eigenfunktionen und Eigenwerte, die zu $1 + \Delta\sigma$ gehören, und setzt man weiter $\Delta^*\sigma \ll 1 + \Delta\sigma$ voraus, so erhält man

$$\lambda_n = \lambda_{n,0} + \lambda_{n,1} = \frac{\int_0^l (1 + \Delta\sigma) \varphi_{n,0}'^2 \, dz}{\int_0^l (1 + \Delta\sigma) \varphi_{n,0}^2 \, dz} + \frac{\int_0^l \Delta\overset{*}{\sigma} \varphi_{n,0}'^2 \, dz}{\int_0^l (1 + \Delta\sigma) \varphi_{n,0}^2 \, dz} \tag{53}$$

wobei der Ausdruck

$$\lambda_{n,1} = \frac{\int_0^l \Delta\overset{*}{\sigma} \varphi_{n,0}'^2 \, dz}{\int_0^l (1 + \Delta\sigma) \varphi_{n,0}^2 \, dz} \tag{54}$$

mit der ersten Näherung der Störungsrechnung identisch ist. Da σ, $\varphi_{n,0}'^2$ und $\varphi_{n,0}^2$ Funktionen größer als Null sind und außerdem gemäß Voraussetzung $\Delta\sigma$ und $\Delta^*\sigma$ in den gleichen Achsenabschnitten des Ansatzrohres positiv oder negativ sind, besitzen die beiden Integrale

$$\int_0^l \Delta\sigma \, \varphi_{n,0}'^2 \, dz \qquad \text{und} \qquad \int_0^l \Delta_\sigma^* \varphi_{n,0}'^2 \, dz$$

dasselbe Vorzeichen, was gleichbedeutend mit der obigen Behauptung ist. –

Die Differentialgleichung für die erste Näherung der Eigenfunktionen $\varphi_{n,1}$ ist von der Form

$$\varphi_{n,1}'' + \lambda_{n,0} \varphi_{n,1} = -\frac{\sigma}{\sigma'} \varphi_{n,0} - \lambda_{n,1} \varphi_{n,0}. \tag{55}$$

Sie kann vermittels der Greenschen Funktion der homogenen Gleichung gelöst werden.

4. Die Integralgleichungen des Artikulationsproblems

Die Theorie der linearen Integralgleichungen ist eng mit der Theorie der linearen Differentialgleichungen verknüpft. Da diejenigen Integralgleichungen, die den uns interessierenden Sturm-Liouvilleschen Differentialgleichungen entsprechen, mathematisch weitgehend erforscht sind, kann man vermuten, daß aus jener Theorie einiges für unsere Theorie der Artikulation gewonnen werden kann. In der Tat entstammen einige der im vorhergehenden Kapitel behandelten Sachverhalte der Theorie der Integralgleichungen. Aufgabe dieses Abschnittes ist es nun, den Zusammenhang zwischen der Websterschen Horngleichung und den Integralgleichungen explizit darzustellen. Dabei müssen zwei verschiedene Kategorien von Integralgleichungen berücksichtigt werden; die eine ist nach dem Mathematiker Fredholm, die andere nach dem Mathematiker Volterra benannt.

a) Fredholmsche Integralgleichungen

Eine mathematische Beziehung der Form

$$y(x) - \lambda \int_a^b K(x, \xi)\, y(\xi) d\xi = f(x), \quad (a \leq x \leq b) \tag{56}$$

nennt man eine Fredholmsche Integralgleichung 2. Art für die Funktion $y(x)$. Die Funktion $K(x, \xi)$ der beiden Variablen x und ξ heißt „Kern" der Integralgleichung. Mit Integralgleichungen der Form (56) haben wir es zunächst zu tun.

Es möge die Differentialgleichung

$$D[y] = \lambda g(x) y \tag{57}$$

zusammen mit gewissen Randbedingungen gegeben sein. Dabei ist $D[y]$ ein linearer, selbstadjungierter Differentialausdruck 2. Ordnung:

$$D[y] = (py')' + qy. \tag{58}$$

Ist $\Gamma(x, \xi)$ die Greensche Funktion der homogenen Differentialgleichung

$$D[y] = 0 \tag{59}$$

mit denselben Randwerten, die auch für (57) gelten, so sind die Eigenfunktionen und Eigenwerte von (57) zugleich Lösungen der Fredholmschen Integralgleichung

$$y = \lambda \int_0^l \Gamma(x, \xi)\, g(\xi)\, y(\xi)\, d\xi. \tag{60}$$

Da wir $D[y]$ als selbstadjungiert angenommen haben, ist die zugehörige Greensche Funktion symmetrisch, d. h.

$$\Gamma(x, \xi) = \Gamma(\xi, x). \tag{61}$$

Um nun den Kern der Integralgleichung (60) ebenfalls symmetrisch zu erhalten, was für verschiedene Überlegungen vorteilhaft ist, bildet man den Kern

$$K(x, \xi) \equiv \sqrt{g(x)\, g(\xi)}\; \Gamma(x, \xi) \tag{62}$$

und damit die Integralgleichung

$$u = \int_0^l \sqrt{g(x)}\, \sqrt{g(\xi)}\;\; \Gamma(x,\xi)\, u(\xi)\, d\xi \tag{63}$$

wobei die Funktion $u(x)$ durch die Beziehung

$$u(x) = \sqrt{g(x)}\, y(x) \tag{64}$$

mit $y(x)$ zusammenhängt.

Wenn man diesen kurzen Abriß der Theorie auf die Webstersche Horngleichung überträgt, so erkennt man leicht, daß nach den angeführten Regeln in mehrfacher Weise eine zugehörige Integralgleichung gefunden werden kann.

aa. Gehen wir zunächst von der ursprünglichen Form

$$\varphi'' + \frac{\sigma'}{\sigma}\, \varphi' + \lambda \varphi = 0 \tag{65}$$

der Horngleichung und den Randbedingungen

$$\varphi(o) = 0, \; \varphi'(l) = 0 \tag{66}$$

aus. Gl. (65) läßt sich auch in der Gestalt

$$(\sigma \varphi')' = -\, \lambda \sigma \varphi \tag{67}$$

anschreiben. Wir müssen also die Greensche Funktion für die Differentialgleichung

$$(\sigma \varphi')' = 0 \tag{68}$$

mit den Randwerten (66) suchen. Ein Fundamentalsystem von Lösungen der Gl. (68) bilden die beiden Funktionen

$$\varphi_1 = 1 \quad , \quad \varphi_2 = \int \frac{dz}{\sigma}. \tag{69}$$

Aus ihnen läßt sich folgende Greensche Funktion für das Differentialsystem (68) und (66) ableiten:

$$\Gamma(z,\zeta) \equiv \begin{cases} \displaystyle\int_0^z \frac{dt}{\sigma(t)} & \text{für } z \leq \zeta \\[2ex] \displaystyle\int_0^\zeta \frac{dt}{\sigma(t)} & \text{für } z \geq \zeta \end{cases} \tag{70}$$

Für die Funktion $\psi = \sqrt{\sigma}\,\varphi$ gilt somit die Integralgleichung

$$\psi = \lambda \int_0^l K(z, \zeta)\, \psi(\zeta)\, d\zeta \tag{71}$$

mit dem symmetrischen Kern ($\varrho = \sqrt{\sigma}$)

$$K(z,\zeta) = \begin{cases} \varrho(z)\,\varrho(\zeta) \displaystyle\int_0^z \frac{dt}{\sigma(t)} & \text{für } z \leq \zeta \\ \varrho(z)\,\varrho(\zeta) \displaystyle\int_0^\zeta \frac{dt}{\sigma(t)} & \text{für } z \geq \zeta. \end{cases} \tag{72}$$

Wie wir bereits früher festgestellt haben ist ψ außerdem durch die Differentialgleichung

$$\psi'' + \left(\lambda - \frac{\varrho''}{\varrho}\right) \psi = 0 \tag{73}$$

bestimmt.

bb. Eine einfachere Integralgleichung als (71) ergibt sich, wenn man von der 2. Normalform der Horngleichung ausgeht, die man aus (65) durch die Substitution der unabhängigen Variablen z in die neue Variable $\bar{z} = \displaystyle\int_0^z \frac{dt}{\sigma(t)}$, erhält:

$$\bar{\varphi}'' + \lambda \sigma^2 \bar{\varphi} = 0. \tag{74}$$

Zur Transformation dieser Differentialgleichung in eine Fredholmsche Integralgleichung ist die Greensche Funktion der Gleichung

$$\bar{\varphi}'' = 0 \tag{75}$$

mit den Randwerten (66) erforderlich. Diese Greensche Funktion besitzt die einfache Form

$$\Gamma(\bar{z}, \bar{\zeta}) = \begin{cases} \bar{z} & \text{für } \bar{z} \leq \bar{\zeta} \\ \bar{\zeta} & \text{für } \bar{z} \geq \bar{\zeta}. \end{cases} \tag{76}$$

Somit lautet die Integralgleichung für $\bar{\varphi} = \sqrt{\sigma}\,\bar{\varphi}$

$$\bar{\varphi} = \lambda \int_0^{\bar{l}} K(\bar{z}, \bar{\zeta})\, \psi(\bar{\zeta})\, d\bar{\zeta} \quad, \bar{l} = \int_0^l \frac{dz}{\sigma(z)} \tag{77}$$

mit dem symmetrischen Kern

$$K(\bar{z}, \bar{\zeta}) = \begin{cases} \sigma(\bar{z})\; \sigma(\bar{\zeta})\; \bar{z} & \text{für } \bar{z} \leq \bar{\zeta} \\ \sigma(\bar{z})\; \sigma(\bar{\zeta})\; \bar{\zeta} & \text{für } \bar{z} \geq \bar{\zeta}. \end{cases} \tag{78}$$

Für die erweiterten Randbedingungen

$$\begin{aligned} \alpha_1 \varphi(o) + \beta_1 \varphi'(o) &= 0 \\ \alpha_2 \varphi(\bar{l}) + \beta_1 \varphi'(\bar{l}) &= 0 \end{aligned} \tag{79}$$

wobei die a_i und β_i Funktionen in λ sein können, erhält man für die Gl. (75) die verhältnismäßig einfache Greensche Funktion

$$\Gamma^*(\bar{z}, \bar{\zeta}) = \begin{cases} \dfrac{(a_1\bar{z} - \beta_1)\,[a_2(\bar{\zeta} - \bar{l}) - \beta_2]}{-\bar{l}\,a_1 a_2 - a_1\beta_2 + \beta_1 a_2}, & \bar{z} \leq \bar{\zeta} \\ \dfrac{(a_1\bar{\zeta} - \beta_1)\,[a_2(\bar{z} - \bar{l}) - \beta_2]}{-\bar{l}\,a_1 a_2 - a_1\beta_2 + \beta_1 a_2}, & \bar{z} \geq \bar{\zeta} \end{cases} \tag{80}$$

woraus man leicht die zugehörige Integralgleichung herleiten kann.

b) Volterrasche Integralgleichungen

Durch zweimalige Integration der Differentialgleichung

$$\psi'' + \left(\lambda - \frac{\varrho''}{\varrho}\right)\psi = 0 \tag{81}$$

erhält man die Integralgleichung

$$\psi = C_1 + C_2 z + \int\limits_0^z (z-\zeta)\left(\lambda - \frac{\varrho''(\zeta)}{\varrho(\zeta)}\right)\psi(\zeta)\,d\zeta \tag{82}$$

eine Volterrasche Integralgleichung 2. Art, deren allgemeine Form

$$y(x) + \int\limits_0^x K(x, \xi)\, y(\xi)\, d\xi = f(x) \tag{83}$$

sich von der Fredholmschen Integralgleichung 2. Art durch die variable obere Grenze des Integrals unterscheidet. Während in der Fredholmschen Integralgleichung die Randbedingungen bereits schon mitberücksichtigt sind, müssen der Gl. (82) die Randwerte zugefügt werden, um die Eigenwerte bestimmen zu können.

An die Gl. (82) schließt sich ein bekanntes Näherungsverfahren für die Funktion $\psi(z)$ an. Hierbei betrachtet man als 1. Näherung die allgemeine Lösung der Differentialgleichung $\psi'' = 0$

$$\psi_1 = C_1 + C_2 z. \tag{84}$$

Als 2. Näherung setzt man dann

$$\psi_2 = C_1 + C_2 z + \int\limits_0^z (z-\zeta)\left(\lambda - \frac{\varrho''(\zeta)}{\varrho(\zeta)}\right)\psi_1(\zeta)\,d\zeta \tag{85}$$

und die höheren Näherungen berechnet man nach der Rekursionsformel

$$\psi_n = C_1 + C_2 z + \int\limits_0^z (z-\zeta)\left(\lambda - \frac{\varrho''(\zeta)}{\varrho(\zeta)}\right)\underset{n-1}{\psi(\zeta)}\,d\zeta. \tag{86}$$

Dies ist das sog. Interationsverfahren von PICARD. Die Folge der ψ_n approximiert die Lösung der Differentialgleichung (81), allerdings sind viele Rechnungsschritte notwendig, bis man zu einer brauchbaren Näherung gelangt. Die Approximationsgeschwindigkeit wird sehr viel größer, wenn man die Gl. (81) als inhomogene Gleichung schreibt

$$\psi'' + \lambda\psi = \frac{\varrho''}{\varrho}\,\psi. \tag{87}$$

Nach den gebräuchlichen Methoden erhält man dann die Lösung von (87) zu

$$\psi = C_1 \cos\sqrt{\lambda}\, z + C_2 \sin\sqrt{\lambda}\, z + \frac{1}{\sqrt{\lambda}} \int\limits_0^z \frac{\varrho''(\zeta)}{\varrho(\zeta)} \sin\sqrt{\lambda}\,(z-\zeta)\,\psi(\zeta)\,d\zeta \tag{88}$$

wiederum eine Volterrasche Integralgleichung. Die 1. Näherung

$$\psi_1 = C_1 \cos\sqrt{\lambda}\, z + C_2 \sin\sqrt{\lambda}\, z \tag{89}$$

ist in diesem Falle die allgemeine Lösung der eindimensionalen Wellengleichung $\psi'' + \lambda\psi = 0$. Die erste Randbedingung $\psi(o) = 0$ bedingt $C_1 = 0$. Die zweite Konstante C_2 kann man gleich 1 setzen, da die Lösungen von $\psi'' + \lambda\psi = 0$ mit einem beliebigen Faktor multipliziert werden können. Die Randbedingung am Ende des Ansatzrohres für $z = l$ macht aus der Integralgleichung (88) eine transzendente Gleichung für die Eigenwerte.

Mit (89) und $C_1 = 0$ erhalten wir jetzt als 2. Näherung

$$\psi_2 = \sin\sqrt{\lambda}\, z + \frac{1}{\sqrt{\lambda}} \int\limits_0^z \frac{\varrho''(\zeta)}{\varrho(\zeta)} \sin\sqrt{\lambda}(z-\zeta)\sin\sqrt{\lambda}\,\zeta\, d\zeta \tag{90}$$

was sich in

$$\psi_2 = \sin\sqrt{\lambda}\, z - \frac{\cos\sqrt{\lambda}\, z}{2\sqrt{\lambda}} \int\limits_0^z \frac{\varrho''(\zeta)}{\varrho(\zeta)}\, d\zeta + \frac{1}{2\sqrt{\lambda}} \int\limits_0^z \frac{\varrho''(\zeta)}{\varrho(\zeta)} \cos\sqrt{\lambda}\,(z-2\zeta)\, d\zeta \tag{91}$$

umformen läßt. Für (87) gilt am glottalen Ende des Ansatzrohres die Randbedingung

$$\psi'(l) - \frac{\varrho'(l)}{\varrho(l)}\,\psi(l) = 0. \tag{92}$$

Das ergibt für die Eigenwerte die Bestimmungsgleichung

$$tg\,\sqrt{\lambda}\, l = F(\sqrt{\lambda}) \tag{93}$$

mit

$$F(\sqrt{\lambda})=\frac{\dfrac{\varrho'(l)}{\varrho(l)}-\dfrac{1}{2}\displaystyle\int_0^l\frac{\varrho''}{\varrho}\,d\zeta+\frac{1}{2}\int_0^l\frac{\varrho''}{\varrho}\cos 2\sqrt{\lambda}\,\zeta\,d\zeta+\frac{1}{2\sqrt{\lambda}}\int_0^l\frac{\varrho''}{\varrho}\sin 2\sqrt{\lambda}\,\zeta\,d\zeta}{\sqrt{\lambda}+\dfrac{\varrho'(l)}{2\sqrt{\lambda}\,\varrho(l)}\displaystyle\int_0^l\frac{\varrho''}{\varrho}\,d\zeta-\frac{1}{2\sqrt{\lambda}}\int_0^l\frac{\varrho''}{\varrho}\cos 2\sqrt{\lambda}\,\zeta\,d\zeta+\frac{1}{2}\int_0^l\frac{\varrho''}{\varrho}\sin 2\sqrt{\lambda}\,\zeta\,d\zeta} \tag{94}$$

Die Funktion besitzt im Endlichen keine Pole, d. h. sie wird für endliches $\sqrt{\lambda}$ nicht unendlich groß. Die Eigenwerte sind die Schnittpunkte der beiden Funktionen $tg\sqrt{\lambda}\,l$ und $F(\sqrt{\lambda})$.

Grundsätzlich lassen sich die Eigenfunktionen aller Eigenwertprobleme der Artikulationstheorie als Schnittpunkte der Funktion $tg\sqrt{\lambda}\,l$ und einer Funktion der Art $F(\sqrt{\lambda})$ berechnen.

Die Funktion (94) wird etwas einfacher, wenn man von der ursprünglichen Form der Horngleichung selbst ausgeht. Schreibt man dieselbe als inhomogene Gleichung

$$\varphi''+\lambda\varphi=-\frac{\sigma'}{\sigma}\,\varphi' \tag{95}$$

so ergibt sich zwar keine Volterrasche Integralgleichung, sondern die Integro-Differentialgleichung

$$\varphi=C_1\cos\sqrt{\lambda}\,z+C_2\sin\sqrt{\lambda}\,z-\frac{1}{\sqrt{\lambda}}\int_0^z\frac{\sigma'}{\sigma}\sin\sqrt{\lambda}\,(z-\zeta)\,\varphi'\,d\zeta \tag{96}$$

deren Ähnlichkeit mit der Gl. (88) jedoch sofort ins Auge fällt. Die 1. Randbedingung liefert auch hier $C_1=0$ und die 2. Aproximation der Lösungsfunktion der Horngleichung lautet in diesem Falle

$$\varphi_2=\sin\sqrt{\lambda}\,z-\int_0^z\frac{\sigma'}{\sigma}\cos\sqrt{\lambda}\,\zeta\sin\sqrt{\lambda}\,(z-\zeta)\,d\zeta. \tag{97}$$

Im Gegensatz zu (92) hat der Randwert am Glottisende des Ansatzrohres jetzt die einfache Form $\varphi'(l)=0$, woraus folgt

$$\operatorname{tg}\sqrt{\lambda}\,l=\frac{-\displaystyle\int_0^l\frac{\sigma'}{\sigma}\cos 2\sqrt{\lambda}\,z\,dz+\ln\sigma(l)-\ln\sigma(o)-2}{\displaystyle\int_0^l\frac{\sigma'}{\sigma}\sin 2\sqrt{\lambda}\,z\,dz}. \tag{98}$$

Dies ist eine erheblich einfachere Beziehung als Gl. (93).

5. Das zeitabhängige Ansatzrohr und seine mathematische Beschreibung

Zu der von Webster angegebenen Differentialgleichung gibt es eine interessante Verallgemeinerung, die insbesondere unter einem phonetischen Gesichtspunkt bedeutsam ist. Beim Sprechakt verharrt das Ansatzrohr nicht in einer konstanten Position, sondern es verändert andauernd seine Gestalt, wobei die Änderungsgeschwindigkeit relativ hohe Werte annehmen kann. Will man das sich beim Sprechakt bewegende Ansatzrohr in der mathematischen Beschreibung mitberücksichtigen, dann muß man den Querschnittsverlauf $\sigma(z)$ als orts- und zeitabhängige Funktion ansetzen: $\sigma = \sigma(z, t)$. In folgender Weise erhält man aus den allgemeinen Schallfeldgleichungen eine zeitabhängige Horngleichung.

Unter den gleichen Voraussetzungen wie bei der dreidimensionalen Wellengleichung ergeben sich

1. Zustandsgleichung:

$$p = c^2 \varrho \tag{99}$$

2. Kontinuitätsgleichung:

$$-\varrho_0 \frac{\partial}{\partial z}(\sigma \cdot s) = \frac{\partial}{\partial t}(\varrho \cdot \sigma) \tag{100}$$

3. Newtonsche Bewegungsgleichung:

$$-\frac{\partial p}{\partial z}\sigma = \varrho_0 \frac{\partial}{\partial t}(\sigma \cdot s)\,. \tag{101}$$

Durch Elimination zweier der drei Schallfeldgrößen p, s und ϱ ergibt die gesuchte Gleichung. Für den Schalldruck hat sie die Gestalt

$$\frac{\partial}{\partial z}\left(\frac{\partial p}{\partial z}\sigma\right) = \frac{1}{c^2}\frac{\partial^2}{\partial t^2}(p \cdot \sigma) \tag{102}$$

und für das Geschwindigkeitspotential $\Phi(z, t)$

$$\frac{\partial}{\partial z}\left(\frac{\partial \Phi}{\partial z}\sigma\right) = \frac{1}{c^2}\frac{\partial}{\partial t}\left(\frac{\partial \Phi}{\partial t}\sigma\right) \tag{103}$$

Wegen der Zeitabhängigkeit von σ sind die beiden Differentialgleichungen voneinander verschieden. Für ein zeitunabhängiges σ gehen sie beide in die Webstersche Horngleichung über.

Literaturverzeichnis

Abkürzungen

AEÜ: Archiv für Elekrische Übertragung
Ann. Phys.: Annalen der Physik
Arch. Néerl. Phon.: Archives néerlandaises de phonétique expérimentale
BSTJ: Bell System Technical Journal
ENT: Elektrische Nachrichtentechnik
JASA: Journal of the Acoustical Society of America
JSHR: Journal of Speech and Hearing Research
PMLA: Publications of the Modern Language Association of America
TCLP: Travaux du Cercle linguistique de Prague
Z. Phon.: Zeitschrift für Phonetik und allgemeine Sprachwissenschaft

ALBERSHEIM, G.: Zur Psychologie der Ton- und Klangeigenschaften (unter Berücksichtigung der „Zweikomponententheorie" und der Vokalsystematik), Straßburg 1939.

ARNOLD, G. E.: Morphology and physiology of the speech organs; in: Manual of Phonetics, Amsterdam 1957.

ASSOCIATION PHONETIQUE INTERNATIONALE (API): The principles of the International Phonetic Association, London 1949.

AUERBACH, F.: Bestimmung der Resonanztöne der Mundhöhle durch Percussion, Ann. Phys. **3** 152–157 (1878).

BARCZINSKI, L. und E. THIENHAUS: Klangspektren und Lautstärken deutscher Sprachlaute, Arch. Néerl. Phon. **11** 47–68 (1935).

BELL, A. M.: Visible speech, the science of universal alphabetics; London 1867.

BERG, JW. VAN DEN: Über die Kopplung bei der Stimmbildung, Z. Phon. **8** 281 bis 293 (1954).

— Calculations on a model of the vocal tract for vowel /i/ (meat) and on the larynx, JASA **27** 332–338 (1955).

— Myoelastic-aerodynamic theory of voice production, JSHR **1** 227–244 (1958).

BLOCH, B., and G. L. TRAGER: Outline of linguistic analysis, Baltimore 1942.

BOGERT, B. P.: On the band width of vowel formants, JASA **25** 791–792 (1953).

BOUMAN, H. D. et P. KUCHARSKI: Synthèses de voyelles à moyen de deux sons simples, Arch. Néerl. Phon. **4** 90–111 (1929).

BRØNDAL, C.: La structure des systèmes vocaliques, TCLP **VI** 62–74 (1936).

BRÜCKE, E.: Grundzüge der Physiologie und Systematik der Sprachlaute, Wien 1876 (2. Aufl.).

CARSLAW, H. S.: Introduction to the theory of Fourier's Series and integrals, Dover Publications, Inc. 1930.

CHIBA, T., and M. KAJIYAMA: The vowel, its nature and structure, Tokyo 1941.

CHLADNI, E. F. F.: Die Akustik, Leipzig 1802.

Churchill, R. V.: Fourier series and boundary value problems, New York and London 1941.

Collatz, L.: Eigenwertprobleme und ihre numerische Behandlung, Leipzig 1945.

— Numerische Behandlung von Differentialgleichungen, Berlin-Göttingen-Heidelberg, Springer 1955.

Cooper, F. S., P. C. Delattre, A. M. Liberman, J. M. Borst and L. J. Gerstman: Some experiments on the perception of synthetic speech sounds, JASA **24** 597 bis 606 (1952).

Crandall, I. B.: Dynamical study of the vowel sounds II, BSTJ **6** 100–116 (1927).

Delattre, P. C.: The physiological interpretation of sound spectrograms; PMLA LXVI, 864–875 (1951).

—, A. M. Liberman, F. S. Cooper and L. J. Gerstman: An experimental study of the acoustic determinants of vowel color, observations on one- and two-formant vowels synthesized from spectrographic patterns; Word **8** 195–210 (1948).

Dieth, E.: Vademekum der Phonetik, Bern 1950.

Dodart: Sur les causes de la voix de l'homme et de ses différents tons, (Histoire de l'académie royale des sciences; année MDCC) Paris 1703.

Draper, M. H., P. Ladefoged and D. Whitteridge: Respiratory muscles in speech; JSHR **2** 16–27 (1959).

Du Bois-Reymond, F. H.: Kadmus oder Allgemeine Alphabetik, Berlin 1862.

Dudley, H.: The carrier nature of speech, BSTJ **19** 495–515 (1940).

—, and T. H. Tarnoczy: The speaking machine of Wolfgang von Kempelen, JASA **22** 151–166 (1950).

Dunn, H. K.: The calculation of vowel resonances, and an electrical vocal tract; JASA **22** 740–753 (1950).

Essen, O. von: Allgemeine und angewandte Phonetik, Berlin 1953, 1. Auflage.

Essner, Ch.: Recherches sur la structure des voyelles orales, Arch. Néerl. Phon. **20** 40–77 (1947).

Fant, C. G. M.: On the predictability of formant levels and envelopes from formant frequencies; Jakobson-Festschrift, The Hague 1956, 109–120.

— (a) Acoustic Theory of Speech Production, Royal Institute of Technology, Division of Telegraphy-Telephony, Report Nr. 10, Stockholm 1958; in bearbeiterter Form als Buch erschienen: 'S-Gravenhage 1961.

— (b) Modern instruments and methods for acoustic studies of speech, Acta Polytechnica Scandinavica, Physics including Nucleonics Series No. 1 (1958), auch veröffentlicht in: Proc. VIII Intern. Congr. Linguistics, Oslo University Press, Oslo 1958.

— Acoustic analysis and synthesis of speech with applications to Swedish, Ericson Technics No. 1, Stockholm 1959.

Flanagan, J. L.: A difference limen for vowel formant frequency, JASA 27, 613 bis 617 (1955)

— Some properties of the glottal sound source, JSHR **1** 99– 116 (1958).

— Estimates of intraglottal pressure during phonation; JSHR **2** 168–172 (1959).

Fletcher, H.: Speech and hearing in communication, New York 1953.

Forchhammer, J.: Die Grundlage der Phonetik, Heidelberg 1924.

Fox, L.: The numerical solution of two-point boundary problems in ordinary differential equations, Oxford 1957.

Frei, H.: Note sur l'analyse des syntagmes, Word **4** 65–70 (1948).

Fry, D.: The function of experimental phonetics, Lingua, **2** 210–225 (1949).

Galen: Opera omnia, edit. Kühn, Leipzig 1833.

Grützmacher, M.: Eine neue Methode der Klanganalyse, ENT **4** 533 (1927).

HALA, B.: Nature acoustique des voyelles, Prag 1956. (Acta universitatis carolinae, Philologica).

HALL, W. M.: Comments on the theory of horns, JASA **III** 552–561 (1931/32).

HEFFNER, R.-M. S.: General phonetics, Madison 1952.

HELLWAG, C.: De formatione loquelae, Tübingen 1781.

HELMHOLTZ, H.: Die Lehre von den Tonempfindungen als physiologische Grundlage für die Theorie der Musik, Braunschweig 1870 (3. Aufl.).

HERMANN, L.: Phonophotographische Untersuchungen, Archiv für die gesamte Physiologie des Menschen und der Thiere ed. Pflüger **45** 582 ff. (1889) **47** 44 ff. und 347 ff. (1890) **53** 1 ff. (1893).

HOCKETT, C. F.: A manual of phonology, Baltimore 1955.

HOLLIEN, H.: Vocal pitch variation related to changes in vocal fold length; JSHR **3** (1960).

—, and G. P. MOORE: Measurement of the vocal folds during changes in pitch; JSHR **3** 157–165 (1960).

HOUSE, A. S.: A note on optimal vocal frequency; JSHR **2** 55–60 (1959).

— Formant band widths and vowel preference; JSHR **3** 3–8 (1960).

—, and K. N. STEVENS: Estimation of formant band widths from measurements of transient response of the vocal tract, JSHR **1**, 309–315 (1958).

HUIZINGA, E.: Über die Stelle, wo der Charakter des Selbstlautes gebildet wird; Arch. Néerl. Phon. **7**, 104–117 (1932).

— und A. MOOLENAAR-BIJL: Kompensierung im Ansatzstück bei der Bildung von Selbstlauten, Arch. Néerl. Phon. **17**, 1–8 (1941).

HUSSON, R.: (a) La phonation chez l'homme; Les conférences du Palais de la découverte, Série A, No. 235, Paris 1958.

— (b) Einige Ergebnisse von Untersuchungen der akustischen Struktur der Vokale, Phonetica **2**, 193–198 (1958).

— Der gegenwärtige Stand der physiologischen Phonetik, Phonetica **4**, 1–32 (1959).

— La voix chantée, Paris 1960.

INCE, E. L.: Ordinary differential equations, London 1927.

JAKOBSON, R., C. G. M. FANT and M. HALLE: Preliminaries to speech analysis, Technical Report No. 13, Acoustics Laboratory, Massachusetts Institute of Technology, 1952.

JONES, A. T.: End corrections of organ piptes, JASA **12**, 387–394 (1941).

JONES, D.: The phoneme: its nature and use, Cambridge 1950.

JOOS, M.: Acoustic phonetics, Language Monograph No. 23, Baltimore 1948.

KAINZ, F.: Psychologie der Sprache, 4 Bände, Suttgart 1941–1956.

KAMKE, E.: Differentialgleichungen Lösungsmethoden und Lösungen, Leipzig 1956.

KANTNER, C. E., and R. WEST: Phonetics, New York 1941.

KEMPELEN, W. VON: Mechanismus der menschlichen Sprache nebst der Beschreibung seiner sprechenden Maschine, Wien 1791.

KNESER, H. O.: Bemerkungen über Definition und Messung der Frequenz, AEÜ **2**, 167–169 (1948).

KRATZENSTEIN, C. G.: Tentamen coronatum de voce, Acta Acad. Petrop. (1780), franz. Übers.: Sur la naissance de la formation des voyelles, Journal de Physique **21**, 358–380 (1782).

KUSSMAUL, A.: Die Störungen der Sprache, 1910 (4. Aufl.).

LEPSIUS, R.: Das allgemeine linguistische Alphabet, Berlin 1855.

LIDDELL, M. H.: The elements of sound and their relation to language, Urbana 1940.

LUCHSINGER, R. und G. ARNOLD: Lehrbuch der Stimm- und Sprachheilkunde, Wien 1959, (2. Aufl.).

MADELUNG, E.: Die mathematischen Hilfsmittel des Physikers, Berlin-Göttingen-Heidelberg: Springer 1950 (4. Aufl.).
MALMBERG, B.: Le problème du classement des sons du langage et quelques questions connexes, Studia Linguistica 6, 1–56 (1952).
MARCOU, P., and J. DAGUET: New methods of speech transmission, in: Information Theory, edit. C. CHERRY, London 1956, 231–240.
MASON, W. P.: The approximate networks of acoustic filter, JASA 1, 263–272 (1930).
MAWARDI, O. K.: Generalized solutions of Webster's horn theory, JASA 21, 323–330 (1949).
MEYER, E. A.: Untersuchungen über Lautbildung, VIETOR-Festschrift, Marburg 1910, 172 ff.
MEYER-EPPLER, W.: Elektrische Klangerzeugung, Bonn 1949.
— Untersuchungen zur Schallstruktur der stimmhaften und stimmlosen Geräuschlaute, Zeitschrift für Phonetik 7, 89–104 (1953).
— Zum Problem der sphäriellen Analyse in der lautsprachlichen Kommunikation, erscheint demnächst in Zeitschrift für Phonetik.
— und G. UNGEHEUER: Die Vokalartikulation als Eigenwertproblem; Z. Phon. 10, 245–257 (1957).
MICHAELIS, G.: Über die Anordnung der Vocale, Archiv für das Studium der neuen Sprachen 65, 403, 460 (1881), 66, 77–96 (1881), 71, 73–96 (1881).
MIKHLIN, S. G.: Integral equations, London - New York - Paris - Los Angeles: Pergamon Press 1957.
MILLER, G. A.: Language and communication, New York 1951.
— The perception of sound, in: Festschrift für Roman JAKOBSON, The Hague 1956, 353–359.
MILLER, R. H.: Nature of the vocal cord wave, JASA 28, 159 (1956).
MILLER, R. L.: Auditory tests with synthetic vowels; JASA 25, 114–121 (1953).
MORSE, P. M.: Vibration and sound, New York 1948.
OBATA, J., and T. TESHIMA: On the properties of Japanese vowels and consonants, Jap. Journal of Physics 8 (1932).
OLIVIER, F.: Ortho-epo-graphisches Elementarwerk, oder: Lehrbuch über die in jeder Sprache anwendbare Kunst rechtsprechen, lesen und rechtschreiben zu lehren, Dessau 1804.
PAGET, R. Sir: Human speech, New York 1930.
PANCONCELLI-CALZIA, G.: Quellenatlas zur Geschichte der Phonetik, Hamburg 1940.
— (a) Geschichtszahlen der Phonetik, Hamburg 1942.
— (b) Die Phonetik des Aristoteles, Hamburg 1942.
PETERSON, G. E.: Vowel formant measurement; JSHR 2, 173–183 (1959).
—, and H. L. BARNEY: Control methods used in a study of the vowels, JASA 24, 175–184 (1952).
POL, B. VAN DER, and H. BREMMER: Operational calculus based on the two-sided Laplace integral, Cambridge 1950.
POTTER, R. K., G. A. KOPP and H. C. GREEN: Visible speech, New York 1947.
—, and G. E. PETERSON: The representation of vowels and their movements, JASA 20, 528, 535 (1948).
—, and J. C. STEINBERG: Toward the specification of speech, JASA 22, 807–820 (1950).
RANKE, O. F. und H. LULLIES: Gehör, Stimme, Sprache, Berlin-Göttingen-Heidelberg: Springer 1953.
RAPP, K. M.: Versuch einer Physiologie der Sprache nebst historischer Entwicklung der abendländischen Idiome nach physiologischen Grundsätzen, Stuttgart/Tübingen 1836, 3 Bände.

RAYLEIGH, Lord: The theory of sound, New York 1945, Dover Publications (Abdruck der 2. Aufl.), 2 Bände.

REICHARD, G. A., R. JAKOBSON and E. WERTH: Language and synesthesia, Word 5, 224–233 (1949).

REYHER, S.: Mathesis mosaica, Kiel 1679.

ROCARD, Y.: Propagation et absorption du son, Paris 1935, Actualités scientifiques et industrielles No. 222.

— Dynamique générales des vibrations, Paris 1949.

RUSSELL, O. G.: The vowel, Columbus 1928.

— The mechanism of speech, JASA **1**, 83–109 (1929).

SALMON, V.: Generalized plane wave horn theory, JASA **17**, 199–211 (1946).

SCHMEIDLER, W.: Integralgleichungen mit Anwendungen in Physik und Technik, Leipzig 1950.

SCRIPTURE, E. W.: The elements of experimental phonetics, London 1904.

SIEVERS, E.: Grundzüge der Phonetik, Leipzig 1881.

SKUDRZYK, E.: Die Grundlagen der Akustik, Wien 1954.

SMITHIES, F.: Integral equations, Cambridge Tracts in Mathematics and Mathematical Physics edit.: Hall, F. R. S., and Smithies, PhD., Nr. 49, Cambridge University Press 1958.

SOVIJÄRVI, A.: Die gehaltenen, geflüsterten und gesungenen Vokale und Nasale der finnischen Sprache, Helsinki 1938.

STEPHENS, R. W. B., and A. E. BATE: Wave motion and sound, London 1950.

STEVENS, K. N.: The perception of vowel formants, JASA 24, 450 (1952)

— S. KASWOSKI and C. G. M. FANT: An electrical analog of the vocal tract, JASA **25**, 734–742 (1953).

STEWART, J. O.: An electrical analogue of the vocal organs, Nature **110**, 311–312 (1922).

STUMPF, C.: Die Sprachlaute, Berlin 1926.

SWEET, H.: A handbook of phonetics, Oxford 1877.

THIENHAUS, E.: Neuere Versuche zur Klangfarbe und Lautstärke von Vokalen, Zeitschrift für technische Physik **15**, 637 ff. (1934).

TITCHMARSH, E. C.: Eigenfunction expansions associated with second-order differential equations, 2 Bände, Oxford at the Clarendon Press 1946 und 1958.

TRAUTWEIN, F.: Elektrische Musik, Berlin 1930.

TROJAN, F.: Der Ausdruck der Sprechstimme, Düsseldorf 1952.

TRUBETZKOY, N. S.: Grundzüge der Phonologie, TCLP VII, 1939.

TWADDELL, W. F.: Phonemes and allophones in speech analysis, JASA **24**, 607–611 (1952).

UNGEHEUER, G.: Mathematische Ergänzungen zur Eigenwerttheorie der Vokalformanten; Z. Phon. **10**, 345–350 (1957).

— (a) Untersuchungen zur Vokalartikulation, Diss. Bonn 1958.

— (b) Die Eigenwerttheorie der Formanten und das System der Vokale; Z. Phon. **11**, 35–48 (1958).

— Das logische Fundament binärer Phonemklassifikationen; Studia Linguistica (1959) 69–97.

— Eine Anwendung der Störungsrechnung in der Eigenwerttheorie der Vokalartikulation; Proc. 3rd Int. Congr. Acoust. Stuttgart 1960, erscheint demnächst.

VIETOR, W.: Aus C. F. HELLWAGS Nachlaß, Phonetische Studien (Zeitschrift für wissenschaftliche und praktische Phonetik) **1**, 257–261 (1888), **3**, 43–55 (1890).

— Elemente der Phonetik, Leipzig 1923 (7. Aufl.).

WAETZMANN, E. und K. SCHUSTER: Über Koppelschwingungen kontinuierlicher Teilsysteme, Ann. Phys. **84**, 507–524 (1927).

WAGNER, K. W.: Ein neues elektrisches Sprechgerät zur Nachbildung der Vokale, Abh. preuß. Akad. Wiss., Phys.-math. Klasse 1936, Nr. 2.

WEBSTER, A. G.: Acoustical impedance and theory of horns and phonograph, Proc. Nat. Acad. Sci. Washington 5, 275–282 (1919).

WEGEL, R. L.: Theory of vibration of the larynx, JASA **1**, Appendix (1930).

WEIBEL, E. S.: (a) On Webster's horn equation, JASA **27**, 726–727 (1955).

— (b) Vowel synthesis by means of resonant circuits, JASA **27**, 858-865 (1955).

WHEATSTONE, C.: The London and Westminster Review, 1838, 27 ff.

WILLIS, W.: On vowel sounds, and on reed-organ pipes; Trans. Camb. Phil. Soc. **III** 231 ff. (1830), dt. Übers.: Über Vokaltöne und Zungenpfeifen, Ann. Phys. 1832 397–437.

WINTELER, J.: Die Kerenzer Mundart in ihren Grundzügen dargestellt, Leipzig 1876.

WOOD, A.: Acoustics, London 1940.

ZWIRNER, E. und K. ZWIRNER: Grundfragen der Phonometrie, Berlin 1936, Phonometrische Forschungen Reihe A Band 1.

Namenverzeichnis

Sachverzeichnis

GPSR Compliance

The European Union's (EU) General Product Safety Regulation (GPSR) is a set of rules that requires consumer products to be safe and our obligations to ensure this.

If you have any concerns about our products, you can contact us on ProductSafety@springernature.com

In case Publisher is established outside the EU, the EU authorized representative is:

Springer Nature Customer Service Center GmbH
Europaplatz 3
69115 Heidelberg, Germany

Batch number: 10844675

Printed by Printforce, the Netherlands